Teubner Skripten zur
Numerik

Gabriel Wittum
Filternde Zerlegungen

Teubner Skripten zur Numerik

Herausgegeben von
Prof. Dr. rer. nat. Hans Georg Bock, Universität Augsburg
Prof. Dr. rer. nat. Wolfgang Hackbusch, Universität Kiel
Prof. Dr. phil. nat. Rolf Rannacher, Universität Heidelberg

Die Reihe soll ein Forum für Einzel- sowie Sammelbeiträge zu aktuellen
Themen der Numerischen Mathematik und ihrer Anwendungen in Natur-
wissenschaften und Technik sein. Das Programm der Reihe reicht von der
Behandlung klassischer Themen aus neuen Blickwinkeln bis hin zur
Beschreibung neuartiger noch nicht etablierter Verfahrensansätze. Es
insbesondere die mathematische Fundierung moderner numeri-
ung für praxisrelevante Anwen-
se Vorläufigkeit und Unvollstän-
ng in Kauf genommen, um den
en auf dem Gebiet der Numerik
en Texten die Lebendigkeit und
ungsseminaren erhalten bleiben.
rter Weise über aktuelle Entwick-
gehende Studien anzuregen und

Filternde Zerlegungen

Schnelle Löser für große Gleichungssysteme

Von Dr. rer. nat. Gabriel Wittum
Universität Heidelberg

Springer Fachmedien Wiesbaden GmbH 1992

Dr. rer. nat. Gabriel Wittum

1956 geboren in Pforzheim. Von 1976 bis 1983 Studium der Mathematik und Physik in Karlsruhe, 1983 Diplom und wiss. Angestellter am Institut für Technische Mechanik an der Universität Karlsruhe. Von 1984 bis 1987 wiss. Mitarbeiter am Institut für Informatik und Praktische Mathematik der Universität Kiel, 1987 Promotion. Seit 1987 wiss. Mitarbeiter am Sonderforschungsbereich „Stochastische Mathematische Modelle" an der Universität Heidelberg. 1989 Verleihung des Maier-Leibnitz-Preises im Fach Angewandte Mathematik, 1991 Habilitation und Vertretung einer Professur für Numerik in Heidelberg.

Die Deutsche Bibliothek – CIP-Einheitsaufnahme

Wittum, Gabriel:
Filternde Zerlegungen : schnelle Löser für grosse
Gleichungssysteme / von Gabriel Wittum. – Stuttgart :
Teubner, 1992
  (Teubner-Skripten zur Numerik)

  ISBN 978-3-322-82974-0   ISBN 978-3-322-82973-3 (eBook)
  DOI 10.1007/ 978-3-322-82973-3

Das Werk einschließlich aller seiner Teile ist urheberrechtlich geschützt. Jede Verwertung außerhalb der engen Grenzen des Urheberrechtsgesetzes ist ohne Zustimmung des Verlages unzulässig und strafbar. Das gilt besonders für Vervielfältigungen, Übersetzungen, Mikroverfilmungen und die Einspeicherung und Verarbeitung in elektronischen Systemen.
  © Springer Fachmedien Wiesbaden 1992
  Ursprünglich erschienen bei B.G. Teubner Stuttgart 1992
Herstellung: Druckhaus Beltz, Hemsbach/Bergstraße

Vorwort

Das schnelle Lösen großer, schwachbesetzter linearer und nichtlinearer Gleichungssysteme ist in den letzten Jahren immer mehr in den Brennpunkt des Interesses gerückt. Der Grund hierfür ist vor allem in der wachsenden Verflechtung von Numerischer Mathematik und Anwendungsbereichen zu suchen. So sind etwa die Probleme in der Numerischen Strömungsmechanik auch bei Verwendung der modernsten Computertechnologie kaum noch mit bisher oft üblichen Hau-Ruck-Methoden zu lösen. Inzwischen existieren verschiedene Klassen schneller und moderner Verfahren zur Lösung der hierbei auftretenden großen Gleichungssysteme. Zu nennen sind insbesondere Mehrgittertechniken und die Familie der Verfahren der konjugierten Gradienten. Beide Verfahrenstypen lassen sich jedoch nicht ohne substantiellen Effizienzverlust auf singulär gestörte Systeme anwenden. Daher ist es ein wichtiges Anliegen der gegenwärtigen Forschung, robuste Verfahren zu konstruieren, mit denen ein möglichst großer Anwendungsbereich effizient behandelt werden kann.

In diesem Buch wird nun mit den *filternden Zerlegungen* eine neue Klasse von Verfahren für große Gleichungssysteme vorgestellt. Filternde Zerlegungen lassen sich in Kombination mit klassischen Methoden, also etwa als Glätter in Mehrgitterverfahren oder als Vorkonditionierer für cg-artige Verfahren einsetzen, sie dienen aber auch als Grundlage für ein eigenständiges Verfahren (Glätter-Korrektor-Verfahren) zum Lösen großer Gleichungssysteme. Dieses Glätter-Korrektor-Verfahren ist dem Mehrgitterverfahren nachempfunden, ist jedoch rein algebraisch konstruiert und braucht daher nur ein Gitter. Das so entstandene Verfahren ist von nahezu optimaler Effizienz, die bei Problemen mittlerer Größe mit derjenigen eines entsprechenden Mehrgitterverfahrens vergleichbar ist. Ferner ist es sehr vielseitig und hat gute Robustheitseigenschaften, wie entsprechende Tests zeigen. Diese Eigenschaften geben dem neuen Verfahren gute Chancen, künftig einen Platz in der oben erwähnten Reihe von Methoden einzunehmen.

Das Buch ist in fünf Kapitel gegliedert, die teilweise unabhängig voneinander gelesen werden können. Das einleitende Kapitel 1 gibt einen Überblick über die gegenwärtige Situation bei schnellen Lösern für große Gleichungssysteme und greift schwerpunktmäßig einige interessante Gebiete der aktuellen Forschung heraus. Bereiche wie die zur Zeit vieldiskutierten Gebietszerlegungsmethoden wurden dabei ausgespart, da sich hier noch sehr viel in Bewegung befindet. Kapitel 2 enthält die Darstellung der grundlegenden algorithmischen Komponenten und ist daher zentral. Die nun folgenden Kapitel sind weitgehend unabhängig voneinander. In Kapitel 3 werden die verschiedenen Varianten des Verfahrens mit Hilfe einer lokalen Fourier-Analyse untersucht. Dies dient zur Veranschaulichung der Methode und zur Klärung und Bestimmung der verschiedenen Verfahrensparameter. Kapitel 4 enthält einen umfangreichen analytischen Konvergenzbeweis, der die Analyse in Kapitel 3 ergänzt. Dieses Kapitel ist sehr technisch und sollte daher evtl. erst nach dem fünften Kapitel gelesen werden, das die Ergebnisse der numerischen Testrechnungen enthält. Besonderer Wert wurde dabei auf Effizienzvergleiche der verschiedenen Varianten untereinander und mit bekannten Mehrgitterverfahren sowie auf die Robustheit des Verfahrens gelegt.

Danken möchte ich meinen Mitarbeitern, insbesondere Herrn W. Weiler, für die Durchsicht des Manuskripts. Diskussionen mit den Kollegen Axelsson, Hackbusch u.a. verdanke ich wertvolle Hinweise. Gewidmet ist dieses Buch meiner Familie, die mich wegen der Arbeit hieran oft entbehren mußte (Ps. 37, 5).

Spechbach, im August 1991   Gabriel Wittum

Inhalt

1. Einleitung — 9

  1.1 Historischer Überblick — 10

  1.2 Mehrgitterverfahren — 14

  1.3 Mehrgitter-Konvergenztheorie — 19

  1.4 Neuere Entwicklungen — 25

    1.4.1 Hierarchische Mehrgitterverfahren — 26

    1.4.2 Singulär gestörte Probleme — 27

    1.4.3 Freie Ränder — 33

    1.4.4 Parallelisierung — 34

  1.5 Bezeichnungen — 35

2. Algorithmisches — 36

  2.1 Unvollständige Zerlegungen — 36

  2.2 Unvollständige Block-Zerlegungen — 40

  2.3 Eine Klasse filternder Zerlegungen — 51

  2.4 Einige Eigenschaften filternder Zerlegungen — 53

  2.5 Glätter-Korrektor-Verfahren — 60

3. Modellanalyse — 65

  3.1 Das Diagonalschema — 65

    3.1.1 Die Rekursion — 65

    3.1.2 Modellproblemanalyse — 66

  3.2 Das Tridiagonalschema — 78

    3.2.1 Die Rekursion — 79

    3.2.2 Modellproblemanalyse — 84

4. Konvergenztheorie — 94

  4.1 Ein Konvergenzsatz — 94

  4.2 Die Umgebungseigenschaft — 101

    4.2.1 Die Rekursion — 102

    4.2.2 Abschätzen der Restmatrix — 112

  4.3 Diskussion — 125

5. Numerische Ergebnisse und Ausblick   128

5.1 Symmetrische Probleme   128

  5.1.1 Fünfpunktstern mit konstanten Koeffizienten   130

  5.1.2 Probleme mit variablen Koeffizienten   138

5.2 Unsymmetrische Probleme   148

5.3 Nichtlineare Probleme   151

5.4 Ausblick   157

Literatur   159

1. Einleitung

„Sie wissen übrigens, daß ich sonst zwar mit Legendre einerlei
Ansicht habe, aber darin von ihm abweiche, daß ich seinen sogenannten analytischen Beweis nicht für besser halte wie die
andern alle."

C. F. GAUSS in [1].

Dieser Satz sollte anregen, ein wenig über Sinn und Zweck eines Beweises in der
Numerik nachzudenken. In einer anwendungsbezogenen Wissenschaft kann ein Beweis nie Selbstzweck sein, sondern nur den Sinn haben, die Gründe für die zu be-
weisende Aussage, etwa die Konvergenz eines numerischen Verfahrens, zu isolieren
und so zu einer Klassifizierung derjenigen Probleme zu kommen, für die die Aussage
zutrifft. Wesentlich ist hierbei der möglichst nahe Bezug zur realistischen Anwendung.

Im Zuge der Entwicklung effizienter Algorithmen für immer kompliziertere Probleme hat sich in den letzten Jahren die Komplexität der Algorithmen derart erhöht,
daß oft trotz intensiver Anstrengungen ein analytischer Beweis für die interessanten
Fälle nicht gegeben werden konnte (vgl. HACKBUSCH [12, 13], BANK-CHAN-COUGH-
RAN-SMITH[1]). Oft wird deshalb dazu übergegangen, einfache Modellprobleme mit
konstanten Koeffizienten und periodischen Randbedingungen direkt zu analysieren
(vgl. BRANDT [2, 3, 4], HEMKER [1, 2, 3], KETTLER [1, 2], STÜBEN-TROTTENBERG [1]).
In bestimmten Fällen gibt dies auch akzeptable Ergebnisse. So wird zwar wenigstens
ein Modellproblem analytisch exakt behandelt, aber der Übergang zu den Problemen,
auf die das Verfahren angewandt werden soll, bringt oft Widersprüche zu den numerischen Beobachtungen (vgl. WESSELING [2], HEMKER [2, 3], THOLE [1], WITTUM [4]
). Entsprechend reichen die Einschätzungen dieses Vorgehens von „strenger Beweis"
bis zu Scharlatanerie und „höherer Blödsinn".

Beides geht sicher an der Sache vorbei. Im Grunde soll mit der Analyse einfacher
Modellprobleme ja kein Konvergenzbeweis geliefert werden, sondern in Ermange-
lung analytischer Nachweismöglichkeiten ein Modell geschaffen werden, das es er-

laubt, die numerischen Phänomene komplexer Algorithmen zu verstehen und konstruktiv daran zu arbeiten. Entsprechend hat es wenig Sinn hier nach einem einmal allgemeinverbindlich formulierten Kochrezept zu verfahren. Analog zur naturwissenschaftlichen Modellierung von Naturphänomenen kommt es dabei wesentlich auf ein grundlegendes, oft intuitives Verständnis an. Daher kann etwa in der Frage der Randbdingungen ein Abrücken von der exakten Analyse eines Modellproblems durchaus sinnvoll sein. Wir verweisen in diesem Zusammenhang auf die Analysen in WITTUM [4], die in KHALIL [2] wieder aufgegriffen und verfeinert wurden. Es sei nochmals ausdrücklich betont, daß dies keineswegs einen strengen Beweis ersetzen soll noch kann. Modellanalysen sind sinnvoll zum Verständnis und zur Veranschaulichung numerischer Phänomene; nicht mehr und nicht weniger.

In der vorliegenden Arbeit tun wir beides. Einmal geben wir eine Modellanalyse, dann aber auch einen, leider ein wenig technischen, strengen Konvergenzbeweis. Der Leser sei hiermit aufgefordert, sich ein eigenes Urteil über dieses oft kontrovers diskutierte Thema zu bilden.

1.1 Historischer Überblick

Zum Thema „lineare Gleichungssysteme" sei zunächst eine Übungsaufgabe aus den Elementen der Algebra von L. EULER zitiert:

„Ein Maultier und ein Esel beförderten Lasten von einigen hundert Pfund. Der Esel beklagte sich über die seine und sagte zu dem Maultier: Ich brauche nur hundert Pfund von deiner Last um meine doppelt so schwer zu machen wie deine. Darauf antwortete das Maultier: Aber wenn du mir hundert Pfund von deiner Last abgibst, trage ich dreimal so viel wie du. Wie schwer waren sie beladen?"

L. EULER in [1, 1770].

Wie aus dem obigen Zitat ersichtlich, hat das Lösen linearer Gleichungssysteme einige Tradition und gehört seit über zweihundert Jahren zum grundlegenden Handwerk des Mathematikers. Gewandelt haben sich inzwischen vor allem die Größe der zu lösenden Systeme und entsprechend auch die Lösungsmethoden. Heute treten große lineare Gleichungssysteme in den verschiedensten Anwendungen auf und sind oft deren Kernstück, zu dessen numerischer Auflösung ein erheblicher Teil der Gesamtrechenzeit benötigt wird. Viele dieser Systeme sind dünn besetzt, d.h. die einzelnen Unbekannten sind jeweils nur mit einer kleinen Anzahl von „Nachbarn" direkt verknüpft. Für ein lineares Gleichungssystem bedeutet dies, daß in den Zeilen der zugehörigen Matrix die meisten Einträge null sind. Solche Systeme entstehen überall dort, wo lokale Prozesse im Spiel sind, etwa bei der Diskretisierung partieller Differentialgleichungen mit finiten Differenzen- oder finiten Volumen, wie auch mit finiten Elementen, wenn lokale Basen verwendet werden. Weiter treten solche Systeme bei der Ausgleichsrechnung in der Geodäsie auf, wo ebenfalls Daten auf einem Gitternetz vorliegen, die nur lokal miteinander verknüpft sind. Systeme dieser Art sind typischerweise „groß", eine Bezeichnung, die sich auf die Anzahl der Unbekannten bezieht. Die Quantifizierung von „groß" hängt im wesentlichen von den zum Lösen zur Verfügung stehenden Hilfsmitteln ab. Für Systeme dieses Typs ist außer in Spezialfällen ein direktes Auflösen wegen des großen Aufwandes nicht mehr angebracht. Hier ist der Einsatz iterativer Verfahren gefordert.

Es war CARL FRIEDRICH GAUSS, der bei der Auswertung seiner Vermessungen in den zwanziger Jahren des vorigen Jahrhunderts auf lineare Gleichungssysteme dieser Art stieß und als Abhilfe das erste iterative Verfahren ersann. In den Grundzügen entspricht dieses Verfahren dem heute noch viel verwendeten GAUSS-SEIDEL-Verfahren. Allerdings hielt sich GAUSS dabei nicht an eine feste Anordnung der einzelnen Gleichungen, sondern wählte diese während der Relaxation jeweils so aus, daß die berechnete Korrektur maximal wird. Charakteristisch für GAUSS' Genie ist, daß die einzige Beschreibung seines Verfahrens in einem Brief an CHRISTIAN LUDWIG GERLING in Marburg zu finden ist. Dort erklärt er sein „indirectes Verfahren" anhand eines einfachen Beispiels aus Daten, die GERLING ihm geschickt hat, macht bei der Aufstellung der Gleichungen noch einen Rechenfehler, der getreulich durch die ganze Rechnung geschleppt wird, und schließt seine Erklärung mit folgendem Abschnitt, der seiner Originalität wegen hier vollständig zitiert sei.

> „fast jeden Abend mache ich eine neue Auflage des Tableau, wo immer leicht nachzuhelfen ist. Bei der Einförmigkeit des Messungsgeschäfts gibt dies immer eine angenehme Unterhaltung; man sieht daran auch immer gleich, ob etwas Zweifelhaftes eingeschlichen ist, was noch wünschenswert bleibt usw. Ich empfehle Ihnen diesen Modus zur Nachahmung. Schwerlich werden Sie je wieder direct eliminiren, wenigstens nicht, wenn Sie mehr als zwei Unbekannte haben. Das indirecte Verfahren läßt sich halb im Schlafe ausführen oder man kann während desselben an andere Dinge denken."

C. F. GAUSS in [2]

Somit gehen auf GAUSS' Vermessungen nicht nur wesentliche Ergebnisse seiner Differentialgeometrie und die Ausgleichsrechnung zurück, sondern auch das iterative Lösen linearer Gleichungssysteme nimmt hier seinen Anfang.

Die weitere Entwicklung linearer Iterationen wird für die nächsten hundert Jahre von GAUSS' Verfahren und Anwendungen in der Geodäsie geprägt. CARL GUSTAV JACOB JACOBI, [1], führt 1846 das heute noch unter seinem Namen bekannte Iterationsverfahren ein, das als vereinfachte Variante des GAUSS-SEIDEL-Verfahrens verstanden werden kann. LUDWIG PHILIPP VON SEIDEL formulierte 1874 das GAUSS'sche Verfahren in [1, 2]. Daher stammt dessen heutiger Name.

Für GAUSS war ein System mit 40 Unbekannten schon groß, da er seine Rechnungen alleine und von Hand neben seiner eigentlichen wissenschaftlichen Tätigkeit zu machen hatte. Im Laufe der Zeit wuchs mit den Anforderungen der Praxis die Zahl der Unbekannten, die pro System zu bewältigen waren; um die Jahrhundertwende wurden in geodätischen Anwendungen schon Probleme mit mehr als 500 Unbekannten angegangen – ganze Gruppen menschlicher Rechner waren damit beschäftigt. Und mit den ersten Computern steigerte sich das Interesse an diesen Verfahren, da es nun möglich wurde, immer größere Systeme zu bearbeiten.

Das Abarbeiten großer Gleichungssysteme zeigte indes bald einen wesentlichen Nachteil dieser iterativen Verfahren: Je größer die Anzahl der Unbekannten wird, desto mehr Schritte sind erforderlich, um eine vorgegebene Genauigkeit zu erzielen.

Mit Einführung der ersten Computer begann man intensiv an einer Beschleunigung des Konvergenzverhaltens zu arbeiten. So führte DAVID YOUNG 1950 in [1] das sog. *SOR*-Verfahren ein und EDUARD STIEFEL, [1], stellte 1952 das *Verfahren der konjugierten Gradienten* vor. Beide Methoden sind recht einfach. Das *SOR*-Verfahren gibt durch die Anwesenheit des Relaxationsparameters zusätzliche Freiheit, die aber, wie alle Freiheit, sinnvoll eingesetzt werden will. Das Verfahren der konjugierten Gradienten hingegen hat vor allem mathematisch schöne Eigenschaften und läßt sich gut auf modernen Rechnerarchitekturen wie Parallel- und Vektorrechnern umsetzen. Beide können jedoch das erwähnte Phänomen des Langsamerwerdens mit wachsender Dimension der Systeme nicht in den Griff bekommen.

Hier brachten erst die Mehrgitterverfahren den entscheidenden Durchbruch. Nach ersten Ansätzen von SOUTHWELL, [1], in den dreißiger Jahren, formulierte FEDORENKO 1961 in [1] das erste Mehrgitterverfahren für ein Modellproblem. Es dauerte jedoch bis Mitte der siebziger Jahre, bis BRANDT, auf die russischen Veröffentlichungen aufmerksam gemacht, die Mehrgitterverfahren aufgriff und ihre Anwendung propagierte (vgl. BRANDT [1, 2, 3]). Annähernd gleichzeitig entwickelte HACKBUSCH (vgl. HACKBUSCH [1, 10]) den Mehrgitteransatz eigenständig. Auf ihn gehen seither viele grundlegende Ideen sowie eine umfassende mathematische Behandlung zurück.

Wie oben erläutert, wurde dieser ganze Prozeß angestoßen durch das immer stärkere Anwachsen der Größe der Gleichungssysteme, insbesondere der aus der Diskretisierung partieller Differentialgleichungen entstehenden. Dies war einmal eine praktische Notwendigkeit zur Erhöhung der Diskretisierungsgenauigkeit und zum andern durch die höhere Leistungsfähigkeit, insbesondere der Speicherkapazität der Computer möglich geworden.

1.2 Mehrgitterverfahren

Da das neu einzuführende Verfahren aus dem Mehrgitteransatz abgeleitet ist, beschreiben wir diesen hier anhand eines einfachen Paradigmas. Eine umfassende Darstellung findet man in HACKBUSCH [10].

Sei in $\Omega := (0,1) \times (0,1)$ die POISSON-Gleichung

$$(1.2.1) \qquad -\Delta u = 1 \text{ in } \Omega$$
$$u|_{\partial\Omega} = 0$$

gegeben. Diskretisiert mit zentralen Differenzen auf einem kartesischen, äquidistanten Gitter der Schrittweite h, ergibt dies den diskreten Operator

$$(1.2.2) \qquad h^2 K = \begin{bmatrix} & -1 & \\ -1 & 4 & -1 \\ & -1 & \end{bmatrix}.$$

Numeriert man die Gitterpunkte lexikographisch, so ergibt sich für K die Matrix

$$(1.2.3) \qquad h^2 K = \begin{pmatrix} D & -I & & & \\ -I & D & -I & & \\ & \ddots & \ddots & \ddots & \\ & & -I & D & -I \\ & & & -I & D \end{pmatrix},$$

mit

$$D = \begin{pmatrix} 4 & -1 & & & \\ -1 & 4 & -1 & & \\ & \ddots & \ddots & \ddots & \\ & & -1 & 4 & -1 \\ & & & -1 & 4 \end{pmatrix}.$$

Zu lösen ist nun das Gleichungssystem

$$(1.2.4) \qquad K u = \mathbb{1},$$

wobei

$$(1.2.5) \qquad \mathbb{1} = (1,\ldots,1)^T.$$

Eines der einfachsten iterativen Verfahren, das gedämpfte JACOBI-Verfahren, lautet
für (1.2.4)

$$(1.2.6) \qquad u_{neu} = u_{alt} - \omega\,(K\,u_{alt} - 1).$$

Die Eigenvektoren und Eigenwerte von h^2K aus (1.2.3) sind gegeben durch

$$(1.2.7) \qquad \mathfrak{k}_{\mu,\nu} = (\sin(\mu i h\pi)\,\sin(\nu j h\pi)\,)_{i,j=1}^n\,,\ 1 \le \mu,\nu \le n,\ n = h^{-1}-1$$

und

$$(1.2.8) \qquad k_{\mu,\nu} = 2\,(\,2 - \cos(\mu h\pi) - \cos(\nu h\pi)\,).$$

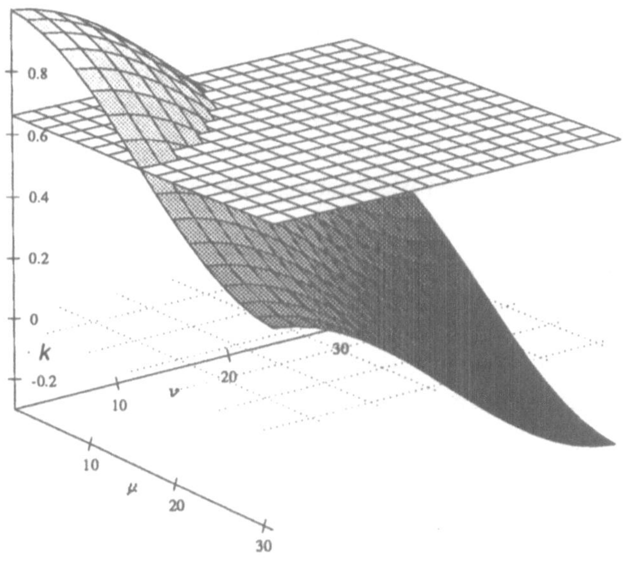

Abbildung 1.2.1: *Eigenwerte der Iteration (1.2.6) für ω=1/6 und h=1/32.*
Zur besseren Orientierung ist k=2/3 als Referenzfläche zusätzlich angegeben.

Für den Dämpfungsfaktor ω=1/6 und h=1/32 sind die Eigenwerte des entsprechenden Iterationsoperators in Abbildung 1.2.1 gezeigt. Offensichtlich sind die Eigenwerte zu den Eigenvektoren $\mathfrak{k}_{\mu,\nu}$ mit μ oder $\nu \ge [n/2]$ kleiner als 2/3 und nur
für $1 \le \mu,\ \nu \le [n/2]$ liegen sie zwischen 2/3 und 1. Denkt man sich nun den Fehler
der Iterierten u_i zerlegt in seine Anteile bzgl. der Basis $\mathfrak{k}_{\mu,\nu}$ aus (1.2.7), so werden

lt. Abbildung 1.2.1 gerade diejenigen Komponenten mit μ oder $v \geq [n/2]$, also die zumindest in einer Richtung „rauhen", durch einen Iterationsschritt mindestens um 2/3 reduziert, während diejenigen mit $1 \leq \mu$, $v \leq [n/2]$, die „glatten", deutlich schwächer gedämpft werden. Daher bezeichnet man diese Verfahren auch als „Glätter". Steht nun ein weiteres Verfahren zur Verfügung, das den rauhen Bereich nicht verstärkt, den glatten aber stark dämpft („Korrektor"), so werden bei Kombination mit (1.2.6) alle Fehlerkomponenten mindestens um 2/3 gedämpft und dies unabhängig von der Anzahl der Gitterpunkte.

Ein Verfahren, das dies zwar nicht für alle μ, v mit $1 \leq \mu, v \leq [n/2]$ tut, aber doch für $[n/4] \leq \mu$, $v \leq [n/2]$ näherungsweise, ist gefunden, indem man den Defekt auswertet, auf ein gröberes Gitter mit der Schrittweite $h' = 2h$ restringiert und dort wieder das gedämpfte JACOBI-Verfahren anwendet. Wiederholt man den Vorgang $(\mathrm{ld}(n))$-mal, so ergibt sich eine Folge von $\mathrm{ld}(n)$ Hilfsproblemen, die nach und nach das ganze Intervall $1 \leq \mu$, $v \leq [n/2]$ abdeckt. Natürlich hat man dann noch die errechneten Korrekturterme auf das feinste Gitter zu übertragen. So entsteht das Mehrgitterverfahren, wie im folgenden Algorithmus formuliert.

Algorithmus 1.2.2:   *Mehrgitterverfahren*


```
procedure mgm( l, v₁, v₂, γ: integer; var u,f: Gitterfunktion );
var d,v: Gitterfunktion;  j: integer;
begin
      if l=0  then u:= K_l⁻¹f
          else begin
                  for j:=1 to v₁ do glätte (u, f);
                  d := K_l u − f;  v := 0;
                  restringiere (d);
                  for j :=1 to γ do mgm(l−1, v, d );
                  prolongiere (v);  u := u − v;
                  for j:=1 to v₂ do glätte (u, f);
      end end;
```

Man kann dieses Vorgehen also als sukzessives Herausfiltern bestimmter Frequenzbänder betrachten. Dies ist grundlegend für unser neues Verfahren. Deshalb ist die Abfolge der zu lösenden Hilfsprobleme in Abb. 1.2.3 veranschaulicht.

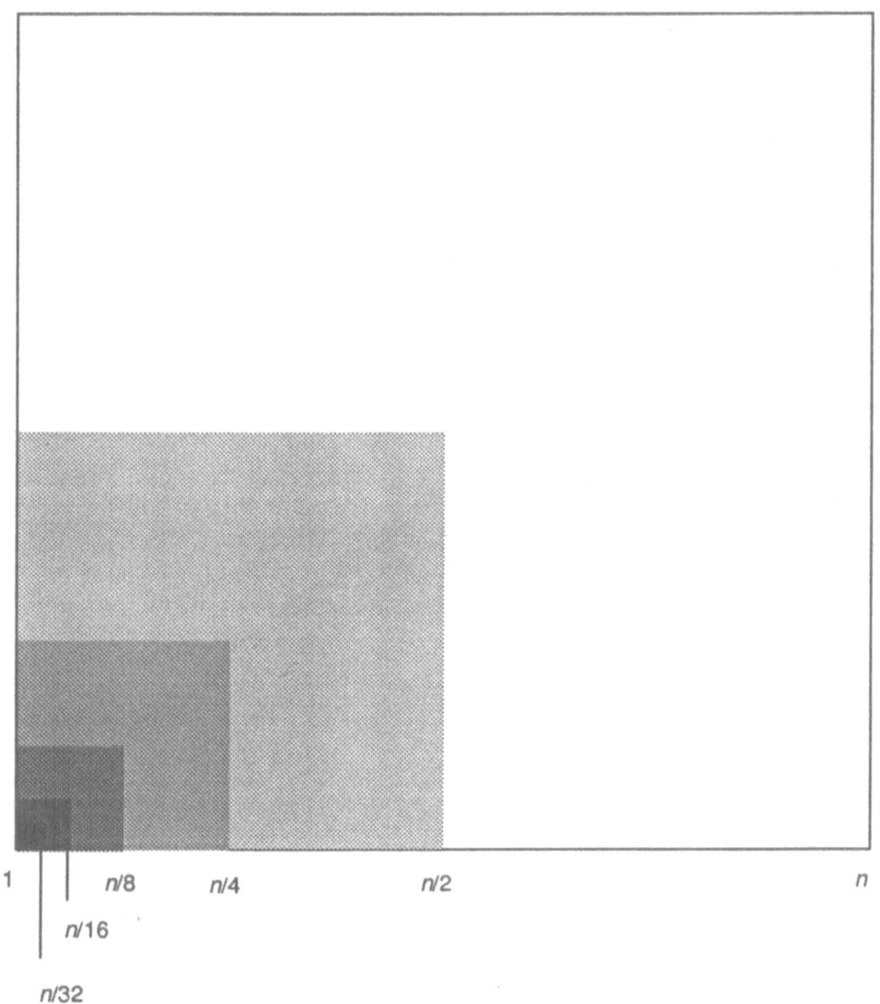

Abbildung 1.2.3: *Korrekturprozeß beim Mehrgitterverfahren: Abfolge der Hilfsprobleme.*

Trotz der logarithmischen Anzahl von Hilfsproblemen ist der Aufwand für einen Schritt dieses Verfahrens $\mathcal{O}(k)$, da die Zahl der Unbekannten je Hilfsproblem entsprechend fällt. Dabei bezeichnet k die Anzahl der Unbekannten auf dem feinsten Gitter.

Abbildung 1.2.4 stellt den Konvergenzverlauf von Eingitter- und Mehrgitterverfahren für das obige Problem dar. Als Glätter diente hier eine unvollständige *LU*-Zerlegung (5-Punkt ILU), die in Abschnitt 2.1 näher erklärt ist. Die Überlegenheit des Mehrgitterverfahrens ist offensichtlich.

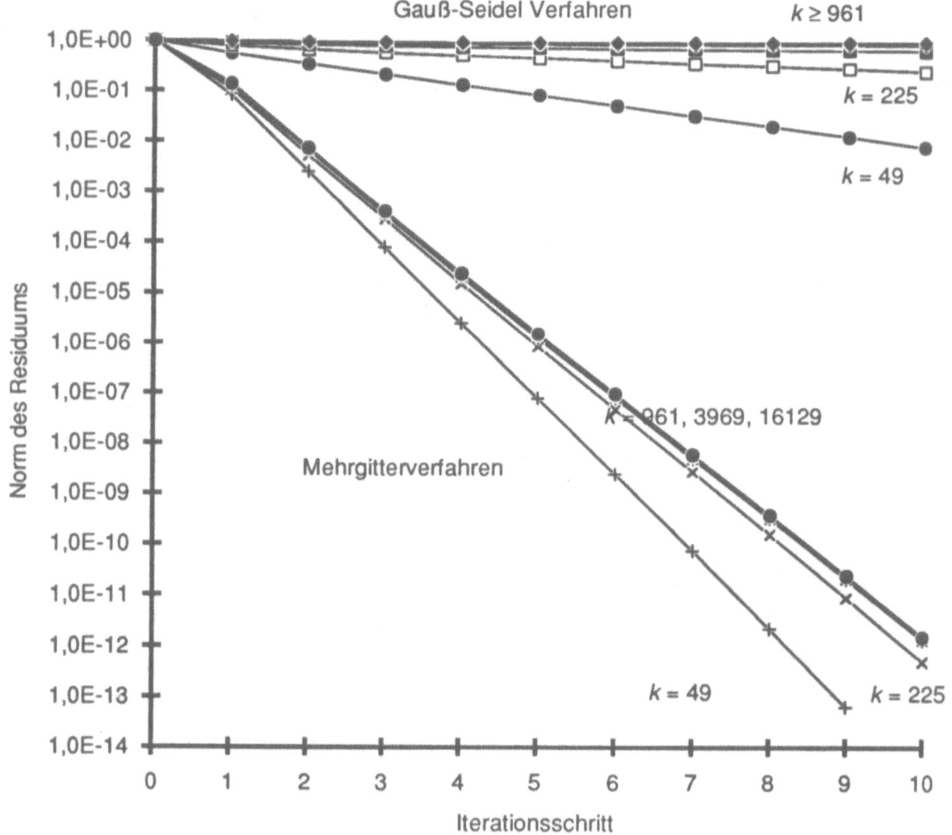

Abbildung 1.2.4: *Vergleich zwischen Glättung und dem vollen Mehrgitterprozeß. Die Abbildung zeigt den Konvergenzverlauf für h=1/8, ..., 1/128.*

1.3 Mehrgitter-Konvergenztheorie

Es existieren im wesentlichen zwei Klassen von Konvergenzbeweisen für Mehrgitterverfahren: Der *Produktansatz* nach HACKBUSCH, eingeführt in [2] und [5, 4] und der *V-Zyklus-Beweis*, der ursprünglich auf BRAESS, [1], zurückgeht und in BRAESS-HACKBUSCH, [1], BANK-DUPONT [1], HACKBUSCH [10] und WITTUM [7] verallgemeinert wurde. Diese seien hier kurz beschrieben.

Bezeichne K_l die Diskretisierung eines Differentialoperators K der Ordnung $2n$ auf einer Hierarchie von Gittern Ω_l, $1 \leq l \leq l_{max}$. Sei weiter S_l ein Glätter für die diskrete Gleichung

$$(1.3.1) \qquad K_l u_l = b_l$$

und bezeichnen p und r die Prolongation und Restriktion zwischen den Gittern. Dann ist der Zweigitteroperator (d.h. exaktes Lösen auf dem zweitfeinsten Gitter) gegeben durch

$$(1.3.2) \qquad T_{2,l}(v,0) := (I_l - p K_{l-1}^{-1} r K_l) S_l^v$$

(vgl. HACKBUSCH [10]). Um monotone Konvergenz zu gewährleisten, müssen wir die Norm von $T_{2,l}(v,0)$ abschätzen.

HACKBUSCH's *Produktansatz* nutzt hierzu die Aufspaltung

$$(1.3.3) \qquad \|T_{2,l}(v,0)\| \leq \| K_l^{-1} - p K_{l-1}^{-1} r \| \, \|K_l S_l^v\| .$$

Beide Faktoren werden getrennt abgeschätzt durch die *Approximationseigenschaft*

$$(1.3.4) \qquad \| K_l^{-1} - p K_{l-1}^{-1} r \| \leq C h_l^{2m} ,$$

und die *Glättungseigenschaft*

$$(1.3.5a) \qquad \| K_l S_l^v \| \leq C h_l^{-2m} \eta(v),$$

wobei

$$(1.3.5b) \qquad \eta(v) \to 0 \text{ für } v \to \infty .$$

Zusammen ergeben beide Eigenschaften die schrittweitenunabhängige Zweigitterabschätzung

$$(1.3.6) \qquad \| T_{2,l}(v,0) \| \leq \zeta < 1, \ \forall \ l \geq 1, \text{ wenn } v \geq v_0.$$

Für einen W-Zyklus (d.h. $\gamma = 2$ in *mgm*) folgt hieraus Mehrgitterkonvergenz (vgl. HACKBUSCH [10]).

Für skalare elliptische Probleme wird üblicherweise in den obigen Abschätzungen die Spektralnorm verwendet. Dies ist insbesondere deshalb vorteilhaft, weil die Spektralnorm der diskreten L^2-Norm entspricht und so einerseits zum Beweis der Glättungseigenschaft rein algebraische Techniken eingesetzt werden können, während zum Beweis der Approximationseigenschaft Techniken aus der Theorie der diskreten SOBOLEV-Räume zur Verfügung stehen (vgl. HACKBUSCH [ell, disreg1, disreg2], HEINRICH [1]).

Beide, Approximations- und Glättungseigenschaft sind keineswegs trivial. In einer Folge von Arbeiten gelang es HACKBUSCH, die Approximationseigenschaft für verschiedene Diskretisierungen von Klassen partieller Differentialgleichungen nachzuweisen (siehe HACKBUSCH [2, 5, 3, 7, 10]). Neben technischen Voraussetzungen, die üblicherweise unproblematisch sind, beruht sie bei angemessener Ordnung der Restriktions- und Prolongationsoperatoren im wesentlichen auf Konsistenz und der diskreten Regularität der beteiligten Operatoren. Ebenso konnte er die Glättungseigenschaft für die üblichen iterativen Methoden wie das gedämpfte JACOBI-Verfahren und verschiedene Varianten der GAUSS-SEIDEL-Iteration, lineare und semiiterative, angewandt auf diese Diskretisierungen bestätigen (siehe HACKBUSCH [4, 10]). Eine Verallgemeinerung dieser Ergebnisse auf gedämpfte konvergente Iterationsverfahren und damit der Anschluß an die Theorie der konvergenten Iterationen konnte zumindest für den symmetrischen Fall in WITTUM [7] gegeben werden. Da dies das allgemeinste uns bekannte Ergebnis zur *Glättungseigenschaft* ist, sei es im folgenden zitiert.

Sei daher K_l aus (1.3.1) aufgespalten in

$$(1.3.7) \qquad K_l = M_l - N_l, \ M_l \text{ regulär, ,,leicht invertierbar''}.$$

Durch die Aufspaltung (1.3.7) ist für $0 < \omega \leq 1$ ein Iterationsverfahren definiert vermöge

(1.3.8) $$u_{neu} := u_{alt} - \omega M_l^{-1}(K_l u_l - b_l).$$

Im Fall $\omega < 1$ bezeichnen wir das Verfahren als gedämpft. Seien weiter

(1.3.9) $\qquad\qquad$ K und M symmetrisch und positiv definit,

(1.3.10) $$\| M_l \| \leq C \| K_l \| = C' h^{-2m}.$$

Unter diesen Voraussetzungen gilt der folgende Satz

Satz 1.3.1: $\qquad$ *Die Glättungseigenschaft für konvergente Iterationen*

Ist das durch (1.3.7-10) gegebene Verfahren mit $\omega=\omega_0 > 0$ konvergent, so erfüllt es für $0 < \omega < \omega_0$ die Glättungseigenschaft (1.3.5a) mit

(1.3.11) $$\eta(\nu) := \max \{\nu^\nu / (\nu+1)^{\nu+1}, 2\omega'(2\omega'-1)^\nu\},$$

wobei $\omega' := \omega/\omega_0$.

Beweis: (vgl. Theorem 3.2.1 in WITTUM [7]) Da der Index l hier keine Rolle spielt, wird er im folgenden unterdrückt. Sei $S_\omega := I-\omega M^{-1}K$ und $M_\omega := \omega^{-1}M$. Nach Voraussetzung sind die Eigenwerte von S_{ω_0} in $(-1,1)$ enthalten. Für $0 < \omega < \omega_0 \leq 1$ liegen die Eigenwerte von S_ω in $(1-2\omega', 1)$. Da M_ω positiv definit und symmetrisch vorausgesetzt wurde, existiert $M_\omega^{1/2}$, symmetrisch und positiv definit. Damit ist in der Spektralnorm und mit $X := M_\omega^{-1/2} N_\omega M_\omega^{-1/2}$

$$\| K S_\omega^\nu \| = \| (M_\omega - N_\omega)(M_\omega^{-1} N_\omega)^\nu \|$$

$$\leq \| M_\omega^{1/2}(I - M_\omega^{-1/2} N_\omega M_\omega^{-1/2})(M_\omega^{-1/2} N_\omega M_\omega^{-1/2})^\nu M_\omega^{1/2} \|$$

$$\leq \| M_\omega \| \, \| (I-X)X^\nu \|$$

$$\leq C' h^{-2m} \max \{ | (1-x)x^\nu| ; x \in \sigma(S_\omega) \}$$

$$\leq C' h^{-2m} \max\{\nu^\nu/ (\nu+1)^{(\nu+1)}, 2\omega'(2\omega'-1)^\nu\}. \qquad \square$$

Der obige Beweis basiert auf $\eta(\nu) \to 0$ für $\nu \to \infty$. Hierzu muß der kleinste Eigenwert gleichmäßig in h von -1 weg beschränkt sein. Genau dies sichert die

Dämpfung. Grund für das Langsamerwerden der Konvergenz des Glätters ist aber üblicherweise, daß der größte Eigenwert der Iteration gegen 1 strebt. Dagegen ist jedoch das Mehrgitterverfahren unempfindlich, wie aus der Abschätzung ersichtlich. Dieser Eigenwert wird durch die Grobgitterkorrektur aufgefangen. Das zeigt auch die Dualität zwischen der Konstruktion von Glättern und der von Vorkonditionierern. Ein Vorkonditionierer muß vor allem den kleinsten Eigenwert des vorkonditionierten Systems (also den größten der entsprechenden Iteration), der das asymptotische Verhalten der Kondition bestimmt, in den Griff bekommen. Ein Glätter hingegen muß nur den größten Eigenwert des vorkonditionierten Systems $M^{-1}K$ von 2 weg beschränken, da nur dieser die Glättungseigenschaft beeinflußt. Entsprechend ergeben sich auch bei der Optimierung unvollständiger Zerlegungen als Vorkonditionierer bzw. als Glätter verschiedene Modifikationsparameter (vgl. GUSTAFSSON [1], WITTUM [4]). Ganz im Gegensatz zu den vorkonditionierten Verfahren hat es daher bei einem Mehrgitterverfahren mit funktionierender Grobgitterkorrektur wenig Sinn mit der Konditionszahl des vorkonditionierten Systems zu argumentieren.

Es sei noch erwähnt, daß Voraussetzung (1.3.10) keine Einschränkung darstellt. Sobald M ebenfalls dünn besetzt ist, ist (1.3.10) klar. Ist das nicht der Fall, so läßt sich (1.3.10) mit Summierungstechniken zeigen, wie etwa in AXELSSON-BARKER [1], GUSTAFSSON [1] beschrieben. Das Beispiel des JACOBI-Verfahrens zeigt die Notwendigkeit der Dämpfung. Diese Voraussetzung kann nur gegen andere Einschränkungen ausgetauscht werden. Zwecks späterer Verwendung sei hier ein entsprechender Satz aus WITTUM [4] zitiert.

Satz 1.3.2:   *Die Glättungseigenschaft für spezielle Iterationen*

Ist die Restmatrix N des durch (1.3.7-10) *gegebenen Iterationsverfahrens positiv semidefinit, so besitzt die Iteration die Glättungseigenschaft* (1.3.5a) *mit*

$$(1.3.12) \qquad\qquad \eta(v) := v^v / (v+1)^{v+1}.$$

Beweis: Da nach Voraussetzung die Restmatrix positiv definit ist, sind die Eigenwerte der Iteration enthalten in (0,1). Analog zum Beweis von Satz 1.3.1 folgt damit die Behauptung.   ❑

Der Vorteil des Produktansatzes nach HACKBUSCH besteht in der Trennung zwischen algebraischem Teil („Glättungseigenschaft") und differentiellem Teil („Approximationseigenschaft"). So konnte für verschiedene komplexe Anwendungsprobleme beides getrennt nachgewiesen werden (vgl. etwa HOPPE-KORNHUBER [1, 2] WITTUM [5]). In (1.3.4) wird die Norm des Produkts auf der linken Seite durch das Produkt der Normen abgeschätzt. Das bewirkt typischerweise eine Überschätzung der linken Seite. Entsprechend gibt dieser Ansatz keine scharfen Vorhersagen für die Anzahl der Glättungsschritte, v, die zum Erreichen der Konvergenz des gesamten Prozesses nötig ist (vgl. STÜBEN-TROTTENBERG [1], WITTUM [4]). Auch kann aus diesem Ansatz nur die Konvergenz für den Mehrgitter-W-Zyklus gefolgert werden (vgl. HACKBUSCH [10]).

Um *Konvergenzresultate für den V-Zyklus* zu erhalten, brauchen wir einen anderen Ansatz und stärkere Voraussetzungen. Insbesondere können der differentielle und der algebraische Teil nicht mehr getrennt behandelt werden. Entsprechend beruht die Familie der sogenannten V-Zyklus-Beweise (vgl. BRAESS [1, 2] BRAESS-HACKBUSCH [1], BANK-DOUGLAS [1], HACKBUSCH [10], WITTUM [7]) auf einer Beziehung zwischen der Grobgitterkorrektur und der angenäherten Inversen, M, im Glätter. Auch hier wird die Approximationseigenschaft vorausgesetzt und wieder hängt die Gesamtabschätzung wesentlich vom kleinsten Eigenwert des Glätters ab. Nur genügt nicht schon die Konvergenz als Iteration. Die Forderungen an den kleinsten Eigenwert sind einschneidender. Das allgemeinste uns hierzu bekannte Ergebnis sei aus WITTUM [7] zitiert.

Wir brauchen zusätzlich zu (1.3.7-10) folgende Voraussetzungen an die Gittertransfers

$$(1.3.13) \qquad p = r^*,$$

und an die Grobgittermatrix

$$(1.3.14) \qquad K_{l-1} = rK_l p.$$

Letzteres ist der sogenannte GALERKIN-Ansatz. Bei konformen finiten Elementen ist dies automatisch erfüllt. Im Falle nichtkonformer finiter Elemente oder finiter Differenzen muß entweder (1.3.14) zur Berechnung der Grobgittermatrix direkt herangezogen werden oder aber als Gittertransfers entsprechende L^2-Projektionen eingesetzt werden. Dies geht ursprünglich auf P. WESSELING zurück (vgl. WESSELING [2, 3],

KHALIL-VAN KAN-WESSELING [1]), wurde für nichtkonforme finite Elemente von BRAESS und VERFÜRTH, [1], aufgegriffen und hat inzwischen weitere Verbreitung gefunden (vgl. TUREK [1]).

Satz 1.3.3:   *Konvergenz für den V-Zyklus.*

Es gelte (1.3.13, 14) und erfülle der Glätter S die Voraussetzungen (1.3.7-10). Sind weiter die Eigenwerte λ von S beschränkt durch

$$(1.3.15) \qquad 1 - \sqrt{2} \le \lambda \le 1, \ \forall \ \lambda \in \sigma(S),$$

so erfüllt der Spektralradius des Mehrgitteroperators $T_{l,l}(\nu/2, \nu/2)$ mit $\nu/2$ Vor- und Nachglättungsschritten die Abschätzung

$$(1.3.16) \qquad \rho\left(T_{l,l}\left(\frac{\nu}{2}, \frac{\nu}{2}\right)\right) \le \frac{C}{C + \nu} < 1.$$

Beweis: Da der Beweis recht aufwendig ist, sei hier auf WITTUM [7] verwiesen. ❏

Außer diesen beiden Hauptrichtungen existieren weitere Konvergenzbeweise. Neben ersten frühen Ansätzen von BACHVALOV, [1], WESSELING, [Wess1], und NIKOLAIDES, [1], wurden in den letzten Jahren vor allem Beweise für *spezielle Anwendungen* (s. HOPPE [1, 2], HOPPE-KORNHUBER [2], WITTUM [2, 5]), *nichtlineare Mehrgitterverfahren* HACKBUSCH-REUSKEN [1], REUSKEN [1, 2, 3]) oder *spezielle Diskretisierungstechniken* vorgelegt (s. BRAESS-VERFÜRTH [1], BRENNER [1, 2], TUREK [1]).

Weiter war das *Regularitätsproblem* Thema verschiedener Arbeiten. Wie oben erwähnt, benötigt der Beweis der Approximationseigenschaft volle Regularität des kontinuierlichen Problems. Nimmt die Regularität ab, kann zwar eine schwächere Abschätzung durch Interpolation noch gerettet werden, das ist jedoch gegenüber dem numerischen Verhalten unbefriedigend. Hier hilft die Technik des V-Zyklus-Beweises, in dem sich die, oben der Einfachheit halber vorausgesetzte Approximationseigenschaft durch eine Bedingung ersetzen läßt, die keine Regularität erfordert. Wesentliche Arbeiten sind BANK-DUPONT [1], BRAESS [1, 2], MANDEL [1], YSERENTANT [4], BRAMBLE-PASCIAK [1] und DECKER-MANDEL-PARTER [1]. Ebenfalls in diesen Rahmen ordnet sich die Analyse des F-Zyklus durch MANDEL und PARTER in [1] ein.

Alle bisher genannten Beweise beziehen sich jedoch nur auf symmetrische und positiv definite Probleme.

Nach wie vor stehen jedoch entscheidende Probleme offen. So kann der *nichtsymmetrische* Fall nur als Störung des symmetrischen behandelt weden (vgl. HACKBUSCH [10], MANDEL [2]), mit Ausnahme einer Analyse von HACKBUSCH für ein einfaches eindimensionales Modell in [9]. Dies ist natürlich unzureichend, insbesondere wenn man an Anwendungen auf konvektionsdominierte Strömungen denkt. Weiter ist die Analyse von Problemen mit *oszillierenden Koeffizienten* bis jetzt aus der Sicht des Praktikers noch nicht befriedigend geklärt. Dasselbe gilt für *stark nichtlineare* Probleme. Von Spezialfällen abgesehen existieren bisher für *Systeme partieller Differentialgleichungen* nur die Beweise in HACKBUSCH [3, 10] und WITTUM [2, 5]. Auch ist es bisher nicht gelungen, die weiter unten beschriebenen *hierarchischen Mehrgitterverfahren* und den Mehrgitter-V-Zyklus vergleichend zu analysieren. Hier ist insbesondere das Regularitätsproblem beim V-Zyklus noch nicht vollständig klar.

1.4 Neuere Entwicklungen

Neben den erwähnten vielfältigen Analysen von seiten der Mathematiker ist die Entwicklung der Mehrgitterverfahren seit ihrer Einführung geprägt von Anwendungen bis hinein in den technischen Bereich. So existieren inzwischen Anwendungen in der numerischen Strömungsmechanik, Kontinuumsmechanik, Kontrolltheorie, Halbleitersimulation, Atomphysik, Mustererkennung und vieler anderer mehr. Eben diese Anwendungen haben wiederum befruchtend auf die Entwicklung von Verfahren eingewirkt. Einige dieser Entwicklungen sind nachstehend beschrieben.

1.4.1 Hierarchische Mehrgitterverfahren

Das Modellproblem in Abschnitt 1.2 ist diskretisiert auf einer Hierarchie von Gittern, deren Dimension sich jeweils um einen konstanten Faktor unterscheidet. Dies ist wesentlich, damit der Aufwand für einen Mehrgitterschritt proportional zur Anzahl der Gitterpunkte auf dem feinsten Gitter ist. Nun erfordert aber ein gut Teil der interessanten Probleme ein *Anpassen des Gitters an die Lösung*. Einfache Beispiele hierfür sind Eckensingularitäten bei nicht konvexen Gebieten. Zwar können solche Beispiele auch einfacher angegangen werden (vgl. BLUM-RANNACHER [1], RÜDE [1], RÜDE-ZENGER [1]), denkt man jedoch an Anwendungen auf Probleme mit Grenz- und Randschichten wie sie in der Simulation von Strömungen, in der Halbleitersimulation oder bei freien Randwertproblemen auftreten, so wird die Bedeutung eines solchen Ansatzes klar. R. BANK hat dies schon früh erkannt und darauf sein Konzept der *adaptiven Verfeinerung* aufgebaut (vgl. BANK-SHERMAN [1], BANK [1], BANK-WEISER [1] und die dortigen Verweise). Baut man eine Hierarchie von Gittern auf, die eine Lösung mit Eckensingularität adaptiv annähern, so kommen hier von Stufe zu Stufe nur wenige Punkte hinzu. Infolgedessen ist der Aufwand für einen Mehrgitterschritt in diesem Fall nicht mehr $\mathcal{O}(k)$, wo k die Anzahl der Gitterpunkte auf dem feinsten Gitter bezeichnet. BANK verwendete deshalb in seinem Programm *PLTMG* ursprünglich eine Strategie, die Gitterpunkte nur auf einer logarithmischen Anzahl von Stufen zu sammeln (vgl. BANK [1]). Zwar konnte so schon eine große Zahl anspruchsvoller Probleme gerechnet werden, das Verfahren blieb aber nach wie vor konzeptionell unbefriedigend.

Abhilfe schuf hier die Idee der *hierarchischen Basen*, die im wesentlichen auf H. YSERENTANT zurückgeht (vgl. YSERENTANT [1, 2]). In unserer Sichtweise läßt sich dieser Algorithmus verstehen als Mehrgitterverfahren bei dem ein Glättungsschritt auf dem Gitter der Stufe l nur die diesem zugeordneten Punkte, also nur die dort neu hinzugekommenen, einbezieht. YSERENTANT hat den Algorithmus in [1, 2] eingehend untersucht und konnte zeigen, daß dessen Komplexität sich in zwei Raumdimensionen verhält wie $\mathcal{O}(k\ j^2)$, wobei j die Anzahl der verwendeten Gitter bezeichnet. Zwar ist das für ein gleichmäßiges Gitter gerade $\mathcal{O}(k\ (\log(k))^2)$ und damit formal schlechter als $\mathcal{O}(k)$, die entsprechende Abschätzung für das Mehrgitterverfahren, da aber die *hierarchischen Basen* auf die erwähnten, adaptiv verfeinerten Gitter angewandt werden sollen, kann dies nicht direkt verglichen werden. Außerdem kommt die Komplexitätsabschätzung ohne Regularitätsannahmen zustande. In verschiedenen Arbeiten wurde dieser Ansatz weiter ausgebaut (vgl. BANK-DUPONT-YSERENTANT [1], YSERENTANT [3, 5] BANK-WELFERT-YSERENTANT [1]). So ist er inzwischen Grundlage von drei verschiedenen Programmsystemen zur Lösung skalarer elliptischer Differentialgleichungen in zwei Raumdimensionen (vgl. BANK [1], DEUFLHARD-LEINEN-YSERENTANT [1], LEINEN [1], ROITZSCH [1,2]). Hier sei erwähnt, daß KORNHUBER und ROITZSCH in [1, 2] eine neue richtungsangepaßte Verfeinerungstechnik vorgeschlagen haben, die die Flexibilität und Effizienz dieser adaptiven Verfahren wesentlich verbessert.

Allerdings verschlechtert sich die Komplexitätsabschätzung beim Übergang zu drei Raumdimensionen erheblich (vgl. ONG [1], OSWALD[1]). Hier haben erst die Arbeiten von BRAMBLE, PASCIAK und XU, [1] und XU, [1], Abhilfe geschaffen. Im wesentlichen genügt es, die von YSERENTANT ursprünglich verwendeten Interpolationsoperatoren für den Gittertransfer durch eine Art L^2-Projektion zu ersetzen. Im Falle voller Regularität der Lösung verbessert sich die Komplexitätsabschätzung zu $\mathcal{O}(k\,j)$. Ohne die Voraussetzung bleibt allerdings das ursprüngliche $\mathcal{O}(k\,j^2)$. Beides gilt nun aber unabhängig von der räumlichen Dimension (vgl. YSERENTANT [6]). Eine Interpretation dieses hierarchischen Mehrgitterverfahrens mit L^2-Projektion als frequenzfilterndes Verfahren findet sich in KUO-CHAN-TONG [1]. Allerdings hat das dort beschriebene Verfahren kaum mehr als den Namen mit dem hier eingeführten gemeinsam.

1.4.2 Singulär gestörte Probleme

Ein weiterer Problemkreis, für den die optimale Komplexität der Mehrgitterverfahren nicht ohne weiteres gewährleistet ist, sind *singulär gestörte Probleme*. Da die dort auftretenden Schwierigkeiten auch Motivation für die hier vorzustellende Verfahrensklasse sind, wollen wir diese Probleme ein wenig ausführlicher beschreiben.

Einen Operator $K = K(\varepsilon)$ bezeichnen wir als *singulär gestört*, wenn der Grenz-operator $K(0) := \lim_{\varepsilon \to 0} K(\varepsilon)$ einen anderen Typ hat als $K(\varepsilon)$ für $\varepsilon > 0$. Sei also etwa

$$(1.4.1) \qquad\qquad K(\varepsilon) := \varepsilon K^{\mathrm{I}} + K^{\mathrm{II}}$$

wobei $K(\varepsilon)$ elliptisch sei für $\varepsilon > 0$, $K(0)$ aber nicht mehr elliptisch oder elliptisch von niedrigerer Ordnung. Die bekannten Schwierigkeiten, die mit der Diskretisierung solcher Probleme verbunden sind, bewirken, daß die Grobgitterkorrektur schlechter wird, ja oft nicht mehr in der Lage ist, die entsprechenden Fehleranteile angemessen herauszufiltern. Hier rächt sich die im glatten Fall so bestechend einfache Konstruktion des Korrekturprozesses über die Diskretisierung. Als Beispiel betrachten wir das anisotrope Modellproblem in $\Omega := (0,1) \times (0,1)$ (vgl. WITTUM [6])

$$(1.4.2) \qquad\qquad -\left(\varepsilon \frac{\partial^2}{\partial x^2} + \frac{\partial^2}{\partial y^2} \right) u \;=\; 1$$
$$u \,|_{\partial \Omega} \;=\; 0 \,.$$

Diskretisiert man dies wieder auf einem äquidistanten kartesichen Gitter mit zentralen Differenzen, ergibt sich der diskrete Operator zu

$$(1.4.3) \qquad K_l\,(\varepsilon) \;:=\; h_l^{-2} \begin{bmatrix} & -1 & \\ -\varepsilon & 2(1+\varepsilon) & -\varepsilon \\ & -1 & \end{bmatrix}, \quad \varepsilon,\, h_l > 0.$$

Wendet man hierauf naiv das oben erläuterte Mehrgitterverfahren an (diesmal allerdings mit einem symmetrischen GAUSS-SEIDEL-Glätter, *SGS*), so ergibt sich für $h = 1/64$ der in Abbildung 1.4.1 dargestellte Verlauf der mittleren Konvergenzrate κ in Abhängigkeit von ε. Zwar ist für festes ε die Konvergenzrate nach wie vor unabhängig von h, dies nützt aber recht wenig, da hier die Abhängigkeit von ε in den Vordergrund tritt. Deshalb wird der Begriff der *Robustheit* eingeführt, der hier aus WITTUM [4] wie folgt zitiert ist. Wir nennen ein Verfahren genau dann $K_l(\varepsilon)$-*robust*, wenn dessen Konvergenzrate $\zeta(\varepsilon)$ der Bedingung

$$(1.4.4) \qquad\qquad \zeta(\varepsilon) \leq \zeta < 1, \;\; \forall\, \varepsilon \geq 0$$

genügt.

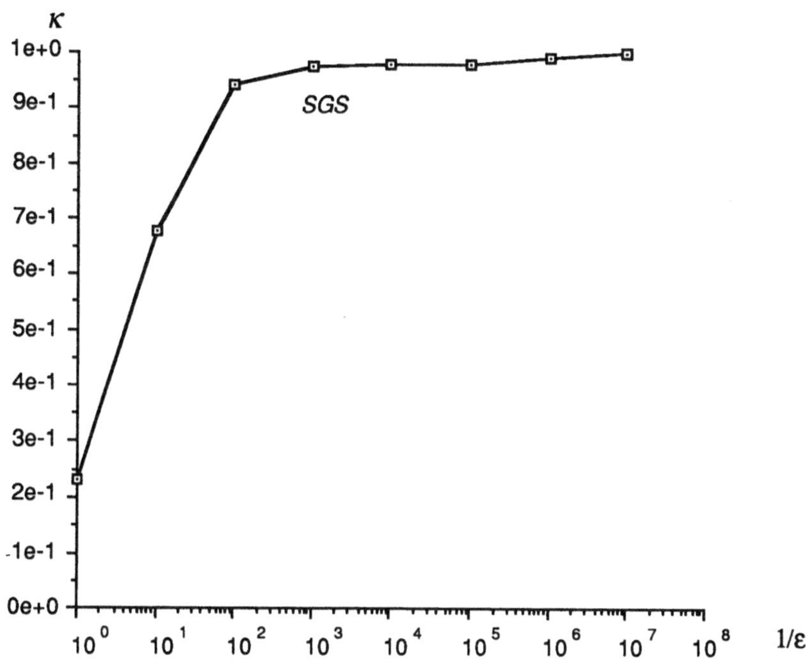

Abbildung 1.4.1: *Abhängigkeit der mittleren Konvergenzrate des Mehrgitterverfahrens von ε (V-Zyklus, 1 Vor- und 1 Nachglättungsschritt SGS, h=1/64).*

Mit diesem Phänomen hat man sich bei der Entwicklung von Mehrgitterverfahren für Anwendungsprobleme schon recht früh beschäftigt. Erste Vorschläge zur Verbesserung zielten auf ein Ändern der Grobgitterkorrektur durch Teilvergröberung (vgl. BRANDT [3] STÜBEN-TROTTENBERG [1]). Ein derartiges Vorgehen ist jedoch auf dieses einfache Modellproblem beschränkt und für kompliziertere Probleme, die hier ja nur modelliert werden sollen, nicht mehr anwendbar. Abhilfe schuf die Einführung unvollständiger Zerlegungen (*ILU*) als Glätter durch P. WESSELING [2, 3], auf den auch Begriff und Idee der Robustheit zurückgehen. Ersetzt man das symmetrische GAUSS-SEIDEL-Verfahren durch eine unvollständige Zerlegung (5-Punkt *ILU*, siehe Abschnitt 2.1), so verhält sich die Konvergenzrate, wie in Abbildung 1.4.2 gezeigt. Die wesentliche Verbesserung rührt daher, daß die Tridiagonalanteile der Diskretisierungsmatrix durch die unvollständige Zerlegung exakt behandelt werden, lexikographische Anordnung der Gitterpunkte vorausgesetzt. Dies bewirkt ein exaktes Lösen des Grenzoperators $K(0)$.

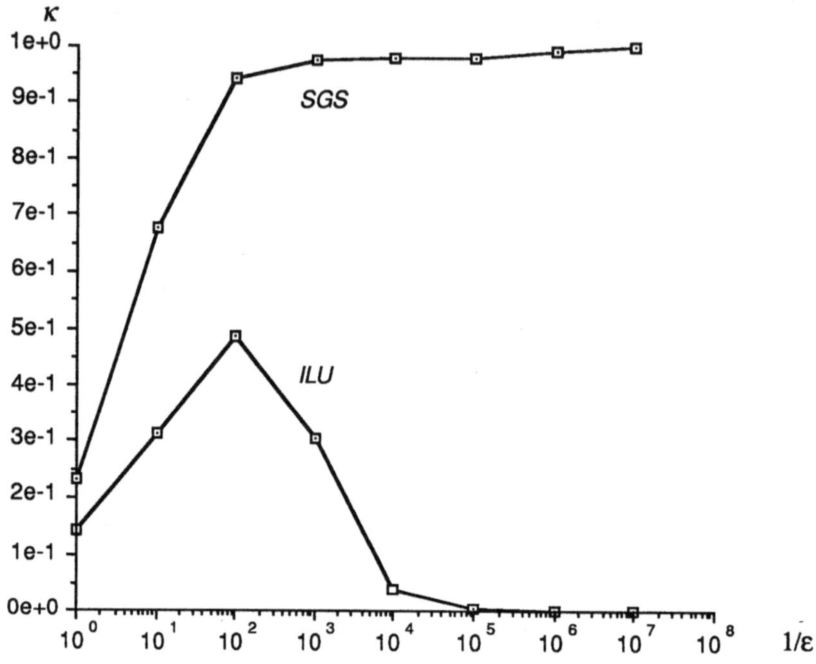

Abbildung 1.4.2: *Vergleich der Abhängigkeit des mittleren Konvergenzfaktors von ε bei Mehrgitterverfahren mit SGS und ILU-Glättung. Weitere Daten wie in Abb. 1.4.1 und im Text beschrieben.*

Allerdings wurde trotzdem zwischen den verschiedenen Schulen lange um die rechte Behandlung dieses Problems gestritten. Das beruhte hauptsächlich auf einer nicht angemessenen Modellierung und der oben schon kritisierten kochrezeptartigen Anwendung der lokalen Analyse einerseits und andererseits auf dem Effekt, daß für $\varepsilon, h \to 0$ der kleinste Eigenwert des ILU-Glätters gegen -1 geht, was nur auf sehr feinen Gittern fühlbar wird. Daher kann Robustheit im Sinne von (1.4.4) nur für ein modifiziertes Verfahren, ILU_β, erzielt werden. Klar ist all dies erst seit den Arbeiten von KHALIL, [1], OERTEL und STÜBEN, [1], und der Analyse in WITTUM [4].

Das so konstruierte robuste Verfahren konnte dann zusammen mit einem transformierenden Ansatz erfolgreich für die inkompressiblen NAVIER-STOKES-Gleichungen eingesetzt werden. Hier war es durch den Einsatz der Mehrgittertechnik kombiniert mit dem transformierenden ILU_β-Glätter möglich, auch stark konvektionsdominierte Probleme auf einem Macintosh II Arbeitsplatzrechner in Zeiten zu lösen, die hierfür bisher auf Superrechnern nötig war. (vgl. WITTUM [3, 6]). In verschiedenen Arbeiten wurde der transformierende Ansatz weiter analysiert und praktisch ausgebaut (siehe WITTUM [8, 5, 9]). Auch die in PATANKAR-SPALDING [1], PERIC-RÜGER-SCHEUERER [1] SHAH-ROLLETT-MAYERS [1] verwendeten Verfahren konnten als transformierend klassifiziert werden. Inzwischen werden diese Ansätze auch auf anderen Gebieten, etwa der Halbleitersimulation (vgl. BANK-CHAN-COUGHRAN-SMITH [1]) aufgegriffen und weitergeführt.

Daß unvollständige Zerlegungen nicht auf einfache Gebiete beschränkt sind, zeigte die Berechnung der Oberflächenschwingungen des Bodensees durch SAUTER und den Autor in SAUTER-WITTUM [1]. Hier wurde eine problemangepaßte Finite-Element-Diskretisierung speziell numeriert und so die Konstruktion einer unvollständigen Zerlegung ermöglicht. Für beliebig numerierte, unstrukturierte Gitter, wie sie bei isotroper, adaptiver Verfeinerung entstehen, sind unvollständige Zerlegungen weder robust noch effizient. Wählt man jedoch eine Diskretisierung, deren Struktur auch die Richtungsstruktur des zugrundeliegenden Problems widerspiegelt, so kann man diese derart „adaptiv numerieren", daß wieder strukturierte Matrizen entstehen. Für die können dann unvollständige Zerlegungen effizient eingesetzt werden. Hierüber wird zur Zeit intensiv geforscht. Die Schwierigkeiten bei der Anwendung unvollständiger Zerlegungen auf unstrukturierten Gittern sind somit eher Ausdruck einer nicht ausreichend dem Problem angepaßten Diskretisierung und Numerierung als ein Mangel der unvollständigen Zerlegungen selbst.

Allen erwähnten, oft in mühevoller Kleinarbeit erzielten Erfolgen zum Trotz ist doch ein Optimieren des Glätters wie beim vorstehend beschriebenen anisotropen Modellproblem im allgemeinen Fall nicht mehr möglich. So existiert trotz intensiver Bemühungen von verschiedenen Seiten bis jetzt noch kein robuster Glätter für das anisotrope Modellproblem in *drei* Raumdimensionen (vgl. KHALIL [2]). Die Doktorarbeit von VAN DER WEES, [1], der sich mit Mehrgitterverfahren für die transsonische Potentialgleichung angewandt auf die Berechnung von Strömungen um Tragflächen beschäftigte, hat hier gezeigt, daß geeignet zurechtgeschneiderte unvollständige Zerlegungen zwar durchaus weite Bereiche abdecken, aber doch keine volle Robustheit erbringen können. Die Ebenenrelaxation, die auf THOLE und TROTTENBERG [1] zurückgeht, ist zwar robust, verdient aber wegen des hohen Aufwandes kaum die Bezeichnung Glätter. Bei der Berechnung von Hyperschallströmungen treten derartige Probleme schon in zwei Raumdimensionen auf (vgl. HÄNEL [1] und HÄNEL ET AL. [1]). Dies ist für uns Anlaß, hier eine Klasse von Verfahren vorzustellen, die den sonst analog zum Mehrgitterverfahren konstruierten Korrekturprozeß direkt auf dem feinsten Gitter vornimmt. Zwar verliert man so die optimale Komplexität, diese ist hier in jedem Fall $\mathcal{O}(k \log(k))$, gewinnt aber erhebliche zusätzliche Freiheit gegenüber den Schwierigkeiten, die durch die (mangelnden) Qualitäten der Grobgitterdiskretisierungen und -probleme induziert werden.

Zwar tut dies auch das von HOLLAND, MCCORMICK und RUGE in [1] und , MCCORMICK und RUGE [2] eingeführte „Unigrid"-Verfahren, hier sind jedoch Motivation, Ansatz, Zielrichtung und insbesondere die Effizienz völlig andere. So soll mit „Unigrid" nur der Korrekturvorgang beim Mehrgitterverfahren „simuliert" werden. Wie insbesondere die numerischen Experimente in Kapitel 5 zeigen, hat dieses Verfahren nichts weiter mit den hier vorgestellten Frequenzfilterverfahren zu tun.

Andere Methoden mit vergleichbarer Zielrichtung sind die algebraischen Mehrgittermethoden von RUGE und STÜBEN (vgl. STÜBEN [1], RUGE-STÜBEN [1]]). Im gegensatz zu unserem Verfahren wird jedoch dort am Durchführen der Korrekturen auf gröberen Gittern festgehalten. Entsprechend müssen spezielle problemangepaßte Restriktions- und Prolongationsoperatoren eingesetzt werden (vgl. RUGE-STÜBEN [1]).

Ähnlich ist ebenfalls die *Frequenzzerlegungsmethode* von HACKBUSCH (vgl. HACKBUSCH [12, 13], BASTIAN [1], BASTIAN-HORTON [1]). Hier werden jedem feinen Gitter vier grobe Gitter zugeordnet und so zu allen Frequenzanteilen entsprechende Korrekturen konstruiert. In unsrem Zusammenhang ist interessant, daß dieses Verfahren selbst bei Beschränkung auf die „notwendigen Korrekturen" (vgl. HACKBUSCH [13]) im W-Zyklus auch die Komplexität $\mathcal{O}(k \log(k))$ besitzt. Berücksichtigt man alle Korrekturen, so ist auch im V-Zyklus die Komplexität $\mathcal{O}(k \log(k))$. Das Verfahren läßt sich dann ebenfalls interpretieren als Lösen von $\log(k)$ Hilfsproblemen mit jeweils k Unbekannten und ist insofern dem unseren ähnlich.

1.4.3 Freie Ränder

Ähnliche numerische Schwierigkeiten entstehen bei Mehrgitterverfahren für Probleme mit freien Rändern. Solche Probleme sind üblicherweise stark nichtlinear und erfordern eine besonders sorgfältige Behandlung des freien Randes durch die Diskretisierung. Aus den vorstehend genannten Gründen schlägt dies auf das Konvergenzverhalten eines Mehrgitterverfahrens durch. Frühe Arbeiten beschäftigten sich hier mit konvexen Problemen (vgl. etwa BRANDT-CRYER [1], HACKBUSCH-MITTELMANN [1]). Inzwischen hat sich vor allem HOPPE zusammen mit KORNHUBER in einer Reihe von Arbeiten intensiv mit Mehrgitterverfahren für komplexere Probleme beschäftigt (siehe HOPPE [1, 2], HOPPE-KORNHUBER [1, 2]). Hier stehen vor allem nicht differenzierbare im Vordergrund, für die NEWTON-artige Verfahren nicht zur Verfügung stehen oder jedenfalls kaum noch Konvergenz aufweisen. Daher ist das nichtlineare Mehrgitterverfahren Hauptwerkzeug, das bei sorgfältiger Anwendung vergleichsweise gute Ergebnisse liefert.

Wie erwähnt, muß vor allem ein angemessenes Grobgitterproblem definiert werden. Hier haben HOPPE und KORNHUBER in [2] spezielle Restriktions- und Prolongationsoperatoren eingeführt, die im wesentlichen bewirken, daß der freie Rand der aktuellen Iterierten durch die Grobgitterkorrektur nicht tangiert wird. Wesentliche algorithmische Erkenntnis aus diesen Problemen ist, daß im Mehrgitter-Korrekturprozeß keine Information über den freien Rand hinweg ausgetauscht werden darf. Dies war auch der Schlüssel zur erfolgreichen Behandlung des aus einem Optimierungsproblem entstehenden freien Randwertproblems in KAWOHL-STARA-WITTUM [1]. Dort konnten mit Hilfe eines nichtlinearen Mehrgitterverfahrens mit modifizierter Grobgitterkorrektur recht subtile analytisch nachgewiesene Eigenschaften der Höhenlinien der Lösung numerisch verifiziert werden. In Abschnitt 5.3 greifen wir dieses Problem nochmals auf.

1.4.4 Parallelisierung

Ein weiteres Gebiet, auf dem zur Zeit viel gearbeitet wird, ist das der Parallelisierung effizienter Verfahren, insbesondere von Mehrgitterverfahren. Wegen der grundlegenden Rekursivität der Mehrgitterverfahren verschlechtert sich die Komplexität asymptotisch zu $\mathcal{O}(k \, \mathrm{ld}(k))$. Anfangs diente die Rekursivität der Mehrgitterverfahren und auch diejenige effizienter Vorkonditionierer häufig als Grund, einfache iterative Verfahren, die sich optimal parallelisieren lassen, für Anwendungen auf dem Parallelrechner zu favorisieren. Dies wurde auch durch eindrucksvolle Tabellen, wie Effizienzvergleiche oder Gleitkommaraten belegt. Genauere Analysen zeigten jedoch bald, daß zwar die Effizienz für die parallelisierten Mehrgitterverfahren bei Modellproblemen schlechter ist, als die entsprechender Eingitterverfahren (etwa *Schachbrett-SOR*), die zur Lösung der Gleichungen benötigte Gesamtrechenzeit beim Mehrgitterverfahren jedoch immer noch um Größenordnungen kleiner ist (siehe HORTON [1] THOLE [2]). Wesentlich ist hier auch bei der Modellierung der Effizienz, daß nicht etwa von einer festen Problemgröße bei wachsender Zahl von Prozessoren ausgegangen wird, sondern eine konstante Last je Prozessor zugrunde gelegt wird. Das ist auch vom praktischen Standpunkt aus viel vernünftiger. In strömungsmechanischen Anwendungen konnten für Parallelrechner mit einer mittleren Anzahl von Prozessoren ($\approx 10^2$) durchaus akzeptable Effizienzen gemessen werden (STÜBEN [2] BASTIAN-HORTON [1], HORTON-WITTUM [1]).

In Abschnitt 5.4 werden wir kurz auf Vorschläge zu Parallelisierung des hier neu vorgeschlagenen Frequenzfilterverfahrens eingehen.

1.5 Bezeichnungen

Im folgenden sind einige global verwendete Bezeichnungen eingeführt.

Sind A und B symmetrische $k{\times}k$-Matrizen, so schreiben wir

$$(1.5.1a) \qquad A > B,$$

falls $A-B$ positiv definit und

$$(1.5.1b) \qquad A \geq B,$$

falls $A-B$ positiv semidefinit ist.

Vektoren werden zur deutlicheren Unterscheidung mit kleinen Frakturbuchstaben notiert. Die Komponenten des Vektors $\mathfrak{x} \in \mathbb{R}^m$ bezeichnen wir mit

$$(1.5.2a) \qquad \mathfrak{x} := (x_1, \ldots, x_m)^T$$

und von $\mathfrak{x}_j \in \mathbb{R}^m$ mit

$$(1.5.2b) \qquad \mathfrak{x}_j := (x_1^{(j)}, \ldots, x_m^{(j)})^T.$$

Mengen werden mit großen Frakturbuchstaben bezeichnet.

Für das Spektrum der Matrix A verwenden wir die Bezeichnung

$$(1.5.3) \qquad \sigma(A) := \{ \lambda;\ \lambda \text{ Eigenwert von } A \} .$$

Bei der Konstruktion von Testfrequenzen sind immer wieder Rundungen nötig. diese werden durch die sogenannte GAUSS-Klammer bezeichnet. Zu $\xi \in \mathbb{R}$ ist

$$(1.5.4) \qquad [\xi] := \xi', \text{ wobei } \xi' \in \mathbb{Z},\ \xi' \leq \xi < \xi'+1 .$$

2. Algorithmisches

2.1 Unvollständige Zerlegungen

Im folgenden gehen wir aus von dem linearen Gleichungssystem

$$(2.1.1) \qquad K x = b$$

mit einer regulären, dünnbesetzten $k{\times}k$-Matrix K und $x, b \in \mathbb{R}^k$. Ein lineares Iterationsverfahren für (2.1.1) ist nach VARGA, [2], gegeben durch die Aufspaltung

$$(2.1.2) \qquad K = M - N,$$

$$M \ \text{regulär, } \textit{„leicht invertierbar"},$$

und die Iterationsvorschrift

$$(2.1.3) \qquad x^{(neu)} = x^{(alt)} - M^{-1} (K x^{(alt)} - b).$$

M aus (2.1.2) bezeichnen wir meist als *angenäherte Inverse*[1] und N als *Restmatrix*. Der entsprechende Iterationsoperator ist gegeben durch

$$(2.1.4) \qquad S = M^{-1}N = I - M^{-1}K.$$

Bekanntlich konvergiert ein derartiges Verfahren, falls gilt

$$(2.1.5) \qquad \rho(S) < 1.$$

Die Theorie von PERRON, [1], und FROBENIUS, [1], über die Eigenwerte nichtnegativer Matrizen führt zur klassischen Konvergenztheorie der linearen Iterationen, wie sie in VARGA [2] dargelegt ist. Dabei erfordert die Konstruktion geeigneter Aufspaltungen (2.1.2) für konkrete Probleme oft einige Erfahrung und handwerkliches Geschick (s. z.B. DICK [1], HEMKER-KOREN [1], KOREN [1]).

Ziel der Konstruktion von Aufspaltungen (2.1.2) ist es, eine angenäherte Inverse M zu finden, deren Inverse diejenige von K angemessen annähert und andererseits in $\mathcal{O}(k)$

---

1) Streng genommen müßte M^{-1} so bezeichnet werden. Der Einfachheit halber verwenden wir diesen Begriff für M direkt. Eine eingehende Behandlung und Fundierung dieser Begrifflichkeiten findet man in HACKBUSCH [15]. Dort heißt diese Matrix: Matrix der dritten Normalform.

Rechenschritten invertiert werden kann. In der Praxis bedeutet dies meist[1], daß M sich als Produkt aus Diagonal- und Dreiecksmatrizen schreiben läßt, etwa

$$(2.1.6) \qquad M = (L + T)\, T^{-1}\, (U + T),$$

wobei L und U echte untere bzw. obere Dreiecksmatrizen sind und T eine Diagonalmatrix bezeichnet.

Die natürlichste Weise, sich solche Matrizen L, U und T zu verschaffen ist, die entspre trix K zu übernehmen. Dies führt auf Verfahren des Jacobi- oder Gauß-Seidel Typs. Eine weitere Möglichkeit ist eine unvollständige Dreieckszerlegung. Hierzu schreiben wir für $L + T + U$ ein Besetzungsmuster $\mathfrak{M}$

$$(2.1.7) \qquad \mathfrak{M} \subset \{\, (i,j) : 1 \le i,j \le k \,\}$$

vor und führen hierauf eine Gaußelimination durch. Dies bedeutet, daß während der Elimination alle Einträge, die außerhalb von $\mathfrak{M}$ liegen, weggelassen werden. Mit

$$(2.1.8) \qquad \mathfrak{M}_A := \{\, (i,j) : 1 \le i,j \le k\,,\, a_{i,j} \ne 0 \,\}$$

bezeichnen wir das *Besetzungsmuster* (auch *Muster*) der Matrix $A = (\, a_{i,j}\,)_{i,j=1,\dots,k}$. Eine natürliche Wahl für $\mathfrak{M}$ ist das Muster der ursprünglichen Matrix $\mathfrak{M}_K$. Wir bezeichnen eine unvollständige Zerlegung mit

$$(2.1.9) \qquad \mathfrak{M} = \mathfrak{M}_K$$

als *Zerlegung nullter Ordnung*. Üblicherweise gilt hiermit $\mathfrak{M}_M \supset \mathfrak{M}_K$, und die GAUSS-Elimination läßt sich charakterisieren durch

$$(2.1.10) \qquad \mathfrak{M}_N = \mathfrak{M}_M \backslash \mathfrak{M}$$

Dies bedeutet, daß die Elimination innerhalb des vorgegebenen Musters $\mathfrak{M}$ exakt durchgeführt wird. Entsprechend ist die Restmatrix N indefinit.

Bezeichnen wir das Muster $\mathfrak{M}$ der Zerlegung nullter Ordnung mit $\mathfrak{M}^0$ und das der Restmatrix mit $\mathfrak{M}_N^{\,0}$, so läßt sich das Muster der *Zerlegung i-ter Ordnung* für $i \ge 1$ definieren vermöge

$$(2.1.11) \qquad \mathfrak{M}^i = \mathfrak{M}^{i-1} \cup \mathfrak{M}_N^{\,i-1}.$$

Hierdurch wird eine volle Dreieckszerlegung schrittweise angenähert.

---

[1] Ausnahmen sind etwa die unvollständigen QR-Zerlegungen, siehe RUH [1].

Dies sei hier am Beispiel des Fünfpunktsterns veranschaulicht. Sei

$$(2.1.12) \qquad K \; := \; h^{-2} \begin{bmatrix} & -1 & \\ -\varepsilon & 2(1+\varepsilon) & -\varepsilon \\ & -1 & \end{bmatrix}, \quad \varepsilon,\, h > 0.$$

Dann ist das Muster der unvollständigen Zerlegung nullter Ordnung gegeben durch

$$(2.1.13) \qquad \mathfrak{M}^0 \; = \; \mathfrak{M}_K = \begin{bmatrix} & * & \\ * & * & * \\ & * & \end{bmatrix}.$$

Ordnet man die Gitterpunkte lexikographisch, so ist $U = L^T$ und L und T in (2.1.6) ergeben sich zu

$$(2.1.14a) \qquad L \; := \; h^{-2} \begin{bmatrix} & \cdot & \\ -\varepsilon & 0 & \cdot \\ & -1 & \end{bmatrix},$$

$$(2.1.14b) \qquad T \; := \; h^{-2} \, \mathrm{diag} \, \{d_{ij}\}_{i=1,\ldots,m,\; j=1,\ldots,n},$$

mit

$$(2.1.14c) \qquad d_{ij} \; := \; 2(1+\varepsilon) - \frac{\varepsilon^2}{d_{i,j-1}} - \frac{1}{d_{i-1,j}},$$

wobei Einträge mit Index null wegzulassen sind.

Die Restmatrix N ist gegeben durch

$$(2.1.14d) \qquad N \; := \; h^{-2} \begin{bmatrix} \frac{\varepsilon}{d_{i,j-1}} & \cdot & \\ \cdot & \cdot & \cdot \\ & \cdot & \frac{\varepsilon}{d_{i-1,j}} \end{bmatrix}.$$

Entsprechend lautet das Muster der Zerlegung erster Ordnung

$$(2.1.15) \qquad \mathfrak{M}^1 \; = \; \mathfrak{M}^0 \cup \mathfrak{M}_N = \begin{bmatrix} * & * & \\ * & * & * \\ & * & * \end{bmatrix}.$$

Mit derselben Anordnung der Gitterpunkte ergibt sich

$$(2.1.16a) \qquad L \;:=\; h^{-2} \begin{bmatrix} -l_{-1,ij} & 0 & \cdot \\ & -1 & -l_{-2,ij} \end{bmatrix},$$

$$(2.1.16b) \qquad T \;:=\; h^{-2} \operatorname{diag}\{d_{ij}\}_{i=1,\dots,m,\; j=1,\dots,n}\,,$$

mit

$$(2.1.16c) \qquad d_{ij} \;:=\; 2(1+\varepsilon) - \frac{l_{-1,ij}^2}{d_{i,j-1}} - \frac{1}{d_{i-1,j}} - \frac{l_{-2,ij}^2}{d_{i-1,j+1}}\,,$$

$$(2.1.16d) \qquad L_{1,ij} \;=\; \varepsilon + \frac{L_{2,i,j-1}}{d_{i-1,j}}\,,$$

$$(2.1.16e) \qquad l_{-2,ij} \;=\; \frac{l_{-1,i-1,j}}{d_{i-1,j}}\,,$$

wobei Einträge mit Index null wegzulassen sind.

Die erste unvollständige *LU*-Zerlegung wurde von VARGA 1959 in [1] als einfaches iteratives Verfahren vorgestellt, fand aber damals keine weitere Verbreitung. Zwar tauchten ähnliche Ideen immer wieder auf (siehe JENNINGS-MALIK [1] und die Hinweise in AXELSSON-BRIJNKEMPER-IL'IN [1]) wirklich bekannt wird diese Klasse von Verfahren erst durch die grundlegende Arbeit von MEIJERINK und VAN DER VORST, die in [1] eine umfassende Analyse im Rahmen der klassischen Theorie linearer Iterationen für *M*-Matrizen und in [2] einen Überblick über verschiedene Anwednungen vorlegten. Seitdem existieren mehrere Schulen, die sich intensiv mit der Konstruktion unvollständiger *LU*-Zerlegungen vor allem als Vorkonditionierer für das Verfahren der konjugierten Gradienten beschäfitgen (siehe AXELSSON [2, 4], VAN DER VORST [1]).

Ende der sieziger Jahre erkannte PIETER WESSELING die Eignung unvollständiger Zerlegungen als robuste Glätter in Mehrgitterverfahren (siehe hierzu Abschnitt 1.4.2). Aus seinem Umkreis stammen auch die ersten Anwendungen HEMKER [1, 2, 3], KETTLER [1,2], KHALIL [1,2], MOL [1,2], WESSELING [1, 2, 3]. Inzwischen spielen unvollständige Zerlegungen eine wichtige Rolle bei der Konstruktion robuster Glätter in den verschiedensten Bereichen (vgl. HORTON [1], PERIÇ-RÜEGER-SCHEUERER [1] WITTUM [3, 5, 8, 9]).

Es existieren verschiedene Varianten dieser unvollständigen Dreieckszerlegungen., wie etwa das modifizierte ILU-Verfahren nach GUSTAFSSON [1] (MILU) (vgl. auch

AXELSSON-LINDSKOG [1,2], oder das in WITTUM [4] eingeführte ILU$_\beta$-Schema. Hierzu gehört auch das SIP-Verfahren, das schon 1968 von STONE, [1], vorgeschlagen wurde oder die in KOLOTILINNA-YEREMIN [1] diskutierten Verfahren. Sie alle erfüllen (2.1.10) nicht mehr. So ist insbesondere die Diagonale der Restmatrix von null verschieden.

Entstanden sind alle diese Varianten durch den Versuch, die Aufspaltung (2.1.2) bzgl. eines vorgegebenen Kriteriums zu optimieren. Im Falle von MILU ist dies die Minimierung der Asymptotik der Konditionszahl des vorkonditionierten Systems, bei ILU$_\beta$ die Robustheit gegenüber singulären Störungen, bei SIP eine bessere Approximation der Restmatrix im Sinne einer TAYLOR-Entwicklung und bei KOLOTILINNA-YEREMIN [1] die Minimierung der Restmatrix in einer vorgegebenen Norm.

Eine weitere Variante wurde in WITTUM-LIEBAU [1] vorgestellt. Hier wird bei Matrizen mit konstanten Koeffizienten ausgenutzt, daß die Koeffizienten der Zerlegung rasch konvergieren. Bricht man den Zerlegungsprozeß nach einigen Schritten ab, ergibt sich sogar ein Schema mit besserer Glättungseigenschaft als die exakte Zerlegung. Außerdem spart dieses Vorgehen das Abspeichern der Zerlegung fast völlig. Eine neue, speziell für Parallelrechner geeignete Zerlegungsvariante wird in HORTON-WITTUM [1] eingeführt.

Die Existenz dieser Varianten zeigt deutlich die Anpassungsfähigkeit dieser unvollständigen Zerlegungen.

2.2 Unvollständige Block-Zerlegungen

Der oben beschriebene Prozeß ist zugeschnitten auf punktweise Zerlegungen, läßt sich jedoch auch auf blockweise übertragen. Hierzu sind in (2.1.6) L, U und T durch entsprechende Blockmatrizen zu ersetzen. Die Charakterisierung der Gaußelimination (2.1.10) bleibt gültig. Da in M die üblicherweise vollbesetzten Inversen der Diagonalblöcke explizit eingehen, muß nun insbesondere das Besetzungsmuster für die Inversen direkt vorgeschrieben werden. Deshalb hat die Restmatrix vollbesetze Diagonalblöcke und ist somit nicht mehr durch einen lokalen Stern zu beschreiben.

Sei die symmetrische Blockmatrix K gegeben durch

$$(2.2.1) \qquad K = \begin{pmatrix} D_1 & L_1^T & & & \\ L_1 & \ddots & \ddots & & \\ & \ddots & \ddots & \ddots & \\ & & \ddots & \ddots & L_{m-1}^T \\ & & & L_{m-1} & D_m \end{pmatrix} ,$$

mit $n{\times}n$-Blöcken D_i, $i = 1, \ldots, m$, und $k := m{\cdot}n$.

T aus (2.1.6) ist nun

$$(2.2.2) \qquad T := \mathrm{blockdiag}(T_1, \ldots, T_m),$$

$$T_i := D_i - L_{i-1}\, \tilde{T}_{i-1}^{-1}\, L_{i-1}^T , \quad i > 1.$$

$\tilde{T}_{i-1}^{-1}$ steht dabei für eine Approximation an T_{i-1}^{-1}, die im folgenden näher diskutiert sei.

Das erste dieser Verfahren, das sogenannte Linien-ILU (ILLU), wurde von R. KETTLER 1981 in [1] eingeführt (vgl. auch KETTLER [2]). Er verwendete als Approximation $\tilde{T}_{i-1}^{-1}$

$$(2.2.3) \qquad \tilde{T}_i^{-1} := (T_i^{-1})^{(3)} ,$$

für Modellproblem (2.1.12), wobei

$$(2.2.4) \qquad (A)^{(p)} := \begin{cases} a_{ij} & |i-j| \le \frac{p-1}{2} \\ 0 & \text{sonst} \end{cases}$$

den **p-diagonalen-Anteil** der Matrix $A = (a_{ij})_{i,j=1}^{k}$ bezeichnet. Dieses Verfahren hat sich sowohl als Vorkonditionierer als auch als Glätter hervorragend bewährt (vgl. AXELSSON [2, 4], AXELSSON-EIJKHOUT [1], HEMKER [3], KETTLER [1, 2], WESSELING [3] und die dortigen Verweise). Weiter ist es bekannt wegen seiner Robustheit, d.h. seiner Unempfindlichkeit gegenüber singulären Störungen. Theoretische Untersuchungen hierüber legten AXELSSON et al. in AXELSSON-BRIJNKEMPER-IL'IN [1], AXELSSON [1, 3], AXELSSON-EIJKHOUT [1] und MEIJERINK [1] vor. Hierbei wurde unter anderem gezeigt, daß ILLU angewandt auf eine allgemeine Block-M-Matrix eine reguläre Aufspaltung im Sinne von VARGA [2] darstellt.

Das Verfahren steht und fällt mit der Qualität der Approximation $\tilde{T}_{i-1}^{-1}$. Dies ist infolgedessen auch der Ansatzpunkt für verschiedene Modifikationen. So haben AXELSSON, BRIJNKEMPER und IL'IN [1] eine multiplikative angenäherte Inverse vorgeschlagen, für die sich theoretisch ähnliche Eigenschaften beweisen lassen. In die Praxis hat dies jedoch nur wenig Eingang gefunden.

AXELSSON and POLMAN führten in [1, 2] eine weitere Approximation an T_i^{-1} ein. Sie wählen Testvektoren $e_0 := (1,\ldots,1)^T$, $e_1 := (1,2,\ldots,n)^T$, und fordern, daß T_i

$$(2.2.5) \qquad T_i e_k = (D_i - L_{i-1} T_{i-1}^{-1} L_{i-1}^T) e_k, \quad k = 0, 1,$$

erfüllt. Das bedeutet, daß die angenäherte Inverse M auf dem von e_0 und e_1 aufgespannten Unterraum exakt ist (vgl. Lemma 2.4.2). Da die von AXELSSON und POLMAN verwendeten Testvektoren glatt sind, dämpft das so entstehende Block-ILU-Verfahren die glatten Fehlerkomponenten recht gut, während es die rauhen Anteile kaum ändert. Entsprechend ist es nicht wie ILLU als Glätter geeignet, dafür aber um so besser als Korrektor. Das führt AXELSSON und POLMAN auf ein Zweigitterverfahren mit dieser unvollständigen Block-Zerlegung auf dem groben Gitter und einem üblichen Glätter (etwa ILLU) auf dem feinen. Dieses Verfahren hat zwar in bezug auf Parallelisierung einen gewissen Vorteil gegenüber den üblichen Mehrgitterverfahren, braucht jedoch nach wie vor zwei Gitter. Weiter ist seine Effizienz auf sehr feinen Gittern sowie die Anwendung auf komplexere Probleme, wie etwa unsymmetrische Gleichungssysteme, bisher noch offen. Unsere Analyse in den Kapiteln 3 und 4 wird hierzu einigen Aufschluß geben.

Dieser Ansatz ist der Ausgangspunkt für unsere Überlegungen in WITTUM [10]. Für eine symmetrische Matrix K ersetzen wir dort e_0 und e_1 aus (2.2.5) durch

$$(2.2.6) \qquad e_j = \hat{s}_{v_j} := (\sin(v_j\, i\, h\, \pi))_{i=1,\ldots,n}, \quad \text{für } j = 0,1, \text{ mit } h := 1/n.$$

Damit sind wir in der Lage, die Eigenschaften des resultierenden Schemas anzupassen. Wählt man

$$(2.2.7a) \qquad\qquad\qquad v_0 := 1, \quad v_1 := 2,$$

so sind die Testvektoren glatt; entsprechend läßt sich ein guter Korrektor erwarten. Wählt man dagegen

$$(2.2.7b) \qquad\qquad\qquad v_0,\, v_1 \ \text{„groß“},$$

so sind die Testvektoren rauh und wir können einen guten Glätter erwarten. Dies beruht auf einem „Herausfiltern“ der Testvektoren e_0 und e_1 mit den Testfrequenzen v_0 und v_1.

Wir setzen nun die aus (2.2.5) entstehenden Blöcke T_i im Rahmen der in (2.2.2) beschriebenen unvollständigen Block-Zerlegung ein. Das entsprechende Verfahren bezeichnen wir als *„frequenzfilternde Dreieckszerlegung"*, abgekürzt *FFLR*. Werden beliebige Testvektoren e_0, e_1 verwendet, sprechen wir einfach von *„filternder Zerlegung"*, abgekürzt *FLR*.

Ehe wir näher auf die Eigenschaften dieses Schemas eingehen, untersuchen wir die stabilität der Zerlegung im Sinne von AXELSSON-BARKER [1], d.h. die Frage unter welchen Bedingungen sich aus (2.2.5) überhaupt reguläre Matrizen T_i berechnen lassen. Aufbauend auf das Verfahren von AXELSSON und POLMAN analysieren wir zunächst den Fall tridiagonaler, symmetrischer T_i. Folgendes Lemma aus WITTUM [10] gibt hierauf die Antwort.

Lemma 2.2.1: *Existenz filternder Zerlegungen*

Seien $e_0, e_1 \in \mathbb{R}^n$ gewählt, mit

$$(2.2.8) \qquad q_i := e_{i+1}^{(1)} e_i^{(0)} - e_{i+1}^{(0)} e_i^{(1)} \neq 0, \quad i = 1,\ldots,n-1.$$

Dann existiert zur symmetrischen nxn-Matrix A eine und genau eine symmetrische Tridiagonalmatrix $T = [t_{i-1}^r, t_i^m, t_i^r]$ mit

$$(2.2.9) \qquad T e_j = A e_j =: g_j, \quad j = 0, 1.$$

T kann durch die Rekursion

$$
\begin{aligned}
&q_0 := 0, \quad e_{n+1}^{(0)} := 0, \quad e_{n+1}^{(1)} := 0, \\
&t_0^r := 0, \\
&t_i^r := \frac{g_i^{(1)} e_i^{(0)} - g_i^{(0)} e_i^{(1)} + q_{i-1} t_{i-1}^r}{q_i}, \quad i = 1,\ldots,n-1, \\
&t_n^r := 0,
\end{aligned}
$$

$$(2.2.10)$$

$$
t_i^m := \begin{cases} \dfrac{g_i^{(0)} - e_{i+1}^{(0)} \cdot t_i^r - e_{i-1}^{(0)} \cdot t_{i-1}^r}{e_i^{(0)}} & \text{für } e_i^{(0)} \neq 0 \\[2ex] \dfrac{g_i^{(1)} - e_{i+1}^{(1)} \cdot t_i^r - e_{i-1}^{(1)} \cdot t_{i-1}^r}{e_i^{(1)}} & \text{für } e_i^{(1)} \neq 0 \end{cases}, \quad i = 1,\ldots,n.
$$

berechnet werden.

Beweis: Wegen (2.2.8) ist entweder $e_i^{(0)}$ oder $e_i^{(1)}$ von null verschieden. Komponentenweise führt (2.2.9) für $i < n$ auf die Gleichungen

$$t_i^m \, e_i^{(0)} + t_i^r \, e_{i+1}^{(0)} + t_{i-1}^r \, e_{i-1}^{(0)} = g_i^{(0)}$$

$$t_i^m \, e_i^{(1)} + t_i^r \, e_{i+1}^{(1)} + t_{i-1}^r \, e_{i-1}^{(1)} = g_i^{(1)} \, .$$

Da $t_0^r = 0$, läßt sich dies umschreiben zu

$$(2.2.11) \qquad \begin{pmatrix} e_i^{(0)} & e_{i+1}^{(0)} \\ e_i^{(1)} & e_{i+1}^{(1)} \end{pmatrix} \begin{pmatrix} t_i^m \\ t_i^r \end{pmatrix} = \begin{pmatrix} g_i^{(0)} - t_{i-1}^r e_{i-1}^{(0)} \\ g_i^{(1)} - t_{i-1}^r e_{i-1}^{(1)} \end{pmatrix} \, .$$

Wegen (2.2.8) ist dies eindeutig lösbar. Die Lösung ist dann durch (2.2.10) gegeben. Für $i = n$ haben wir nur eine Unbekannte aber zwei Gleichungen, was zunächst ungünstig aussieht. Hier hilft uns die Symmetrie von A. Sie bewirkt, daß $(A\mathbf{e}_0)^T \cdot \mathbf{e}_1 = (A\mathbf{e}_1)^T \cdot \mathbf{e}_0$ gilt. Mit der Abkürzung $p_i := g_i^{(0)} e_i^{(1)} - g_i^{(1)} e_i^{(0)}$ können wir dies schreiben als

$$(2.2.12) \qquad \sum_{i=1}^{n} p_i = 0 \, .$$

Da laut (2.2.10) $q_i t_i^r = q_{i-1} t_{i-1}^r - p_i$ gilt, erhalten wir hieraus $p_n = q_{n-1} t_{n-1}^r$, und damit genau die Bedingung, die wir für die lineare Abhängigkeit der beiden Gleichungen in der n-ten Komponente brauchen. Somit lösen die t_i^r und t_i^m aus (2.2.10) das in (2.2.9) formulierte Problem. $\qquad\square$

Für die $\mathbf{e}_k$ aus (2.2.6) bedeutet dies

Bemerkung 2.2.2: *Existenz der frequenzfilternden Zerlegung.*

Die Testvektoren $\mathbf{e}_0$ und $\mathbf{e}_1$ aus (2.2.6) erfüllen Bedingung (2.2.8). Damit ist die Existenz der FFLR-Zerlegung garantiert.

Diese Klasse von Verfahren ist sehr vielseitig. So kann eine *FFLR*-Zerlegung dazu dienen, sowohl Vorkonditionierer als auch Glätter zu konstruieren, die im üblichen Rahmen zusammen mit einer Beschleunigung durch konjugierte-Gradienten- oder Mehrgitterverfahren eingesetzt werden. Es besteht aber zusätzlich die Möglichkeit, durch Kombination von Glätter, also Testen mit hohen Frequenzen, und Korrektor, also Testen mit niedrigen Frequenzen, ein dem Mehrgitterverfahren nachgebildetes, neues Verfahren zu erzeugen. Diese Methode bezeichnen wir im folgenden als „*Glätter-Korrektor-Verfahren auf Frequenzfilterbasis"* , abgekürzt *GKFF*. Die einfachste Version eines derartigen Algorithmus lautet folgendermaßen.

Algorithmus 2.2.3: *gkf_std*

```
procedure gkf_std ( v_glatt, maxit : integer; var u: Gitterfunktion);

    var i, v_1, v_2 : integer;   g, r : Tridiagonalmatrix;

    begin
    { Berechne die Zerlegungen }
            v_1 := 1;  v_2 := 2;
            Berechne_Zerlegung  (v_1, v_2, r);
            v_1 := v_glatt ;   v_2 := v_1 + 1;
            Berechne_Zerlegung  (v_1, v_2, g);

    { Iteration }
            for i:=1 to maxit do
            begin
                    Iterationsschritt ( r, u);
                    Iterationsschritt ( g, u);
    end end;
```

Angewandt auf Modellproblem (2.1.12) für $\varepsilon = 1$ hat dieser Algorithmus eine brauchbare Effizienz auf Gittern mittlerer Feinheit ($h = 1/64, 1/128$), wie aus den Bildern 2.2.4 und 2.2.5 hervorgeht. Allerdings ist deutlich zu sehen, daß die Konvergenzrate nicht gitterunabhängig ist, wie man das von einem mehrgitterartigen Algorithmus erwartet.

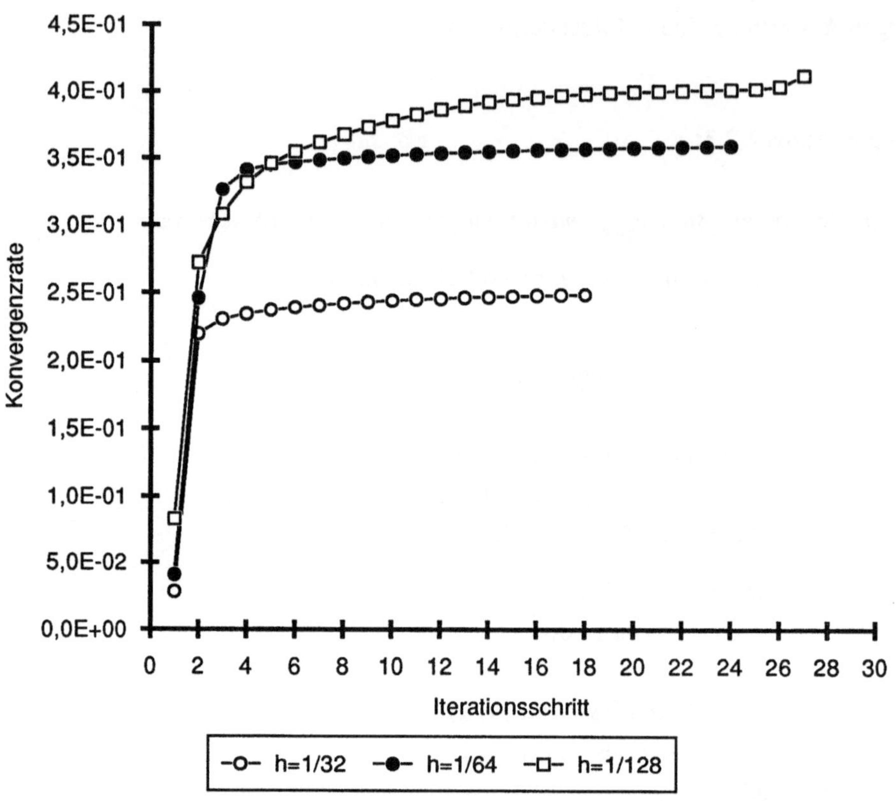

Abbildung 2.2.4: *Residuenkonvergenz für gkf_std beim Standardmodell-problem* (2.1.12, $\varepsilon=1$) *in Abhängigkeit der Gitterweite.*

Um diesem Effekt auf den Grund zu gehen, führten wir eine numerische FOURIER-Analyse durch, deren Ergebnisse in Abbildung 2.2.5 gezeigt sind. Aus Abb. 2.2.5 läßt sich ablesen, daß der Dämpfungsfaktor h, $v_y \to 0$ und kleine Werte von v_x schlecht wird.

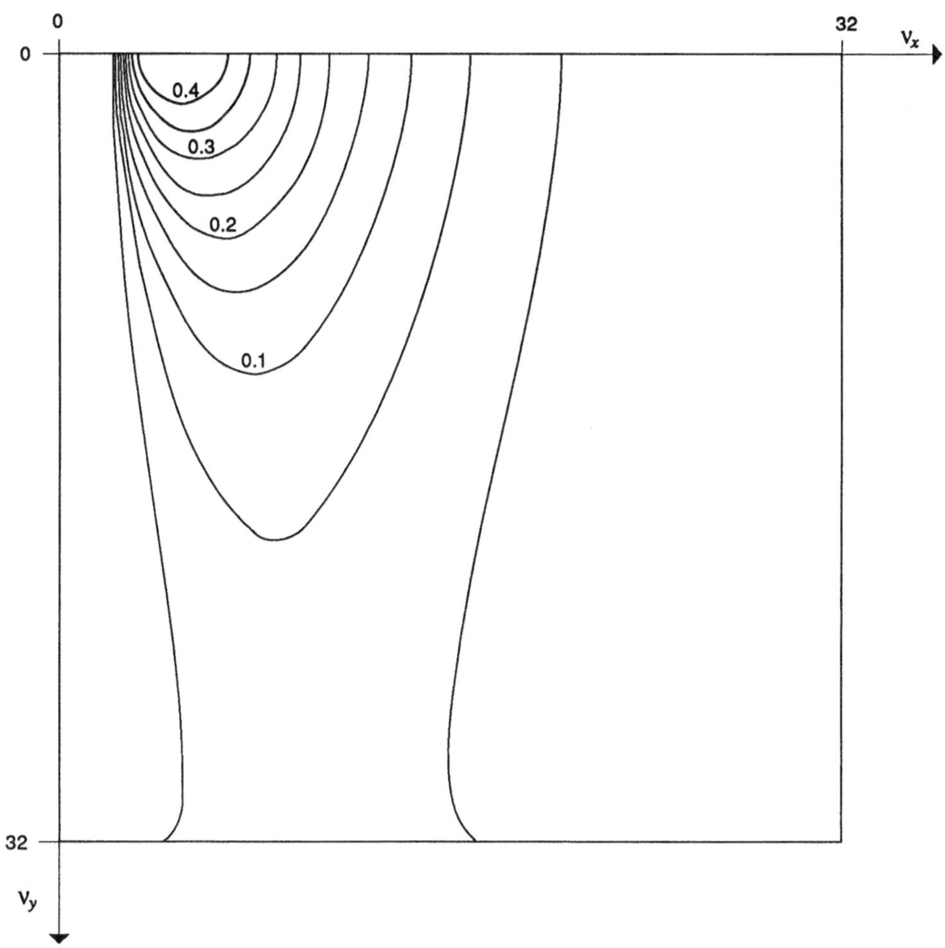

Abbildung 2.2.5: *Fehlerdämpfungsfaktor für gkf_std errechnet aus einer lokalen* FOURIER-*Analyse mit h=1/32,* v_{glatt} = 30, *Maximalwert:* 0.46.
Mit v_x *und* v_y *sind die* FOURIER-*Frequenzen in x- und y-Richtung bezeichnet*

Abbildung 2.2.5 legt auch schon eine Möglichkeit zur Korrektur nahe. Ordnet man nämlich die Gitterpunkte spalten- statt zeilenweise an, so bedeutet dies ein Spiegeln von Abbildung 2.2.5 an der von (0,0) nach (32,32) verlaufenden Diagonale. Dies hat zur Folge, daß die in Abbildung 2.2.5 hohen Werte jetzt stark gedämpft werden. Folglich

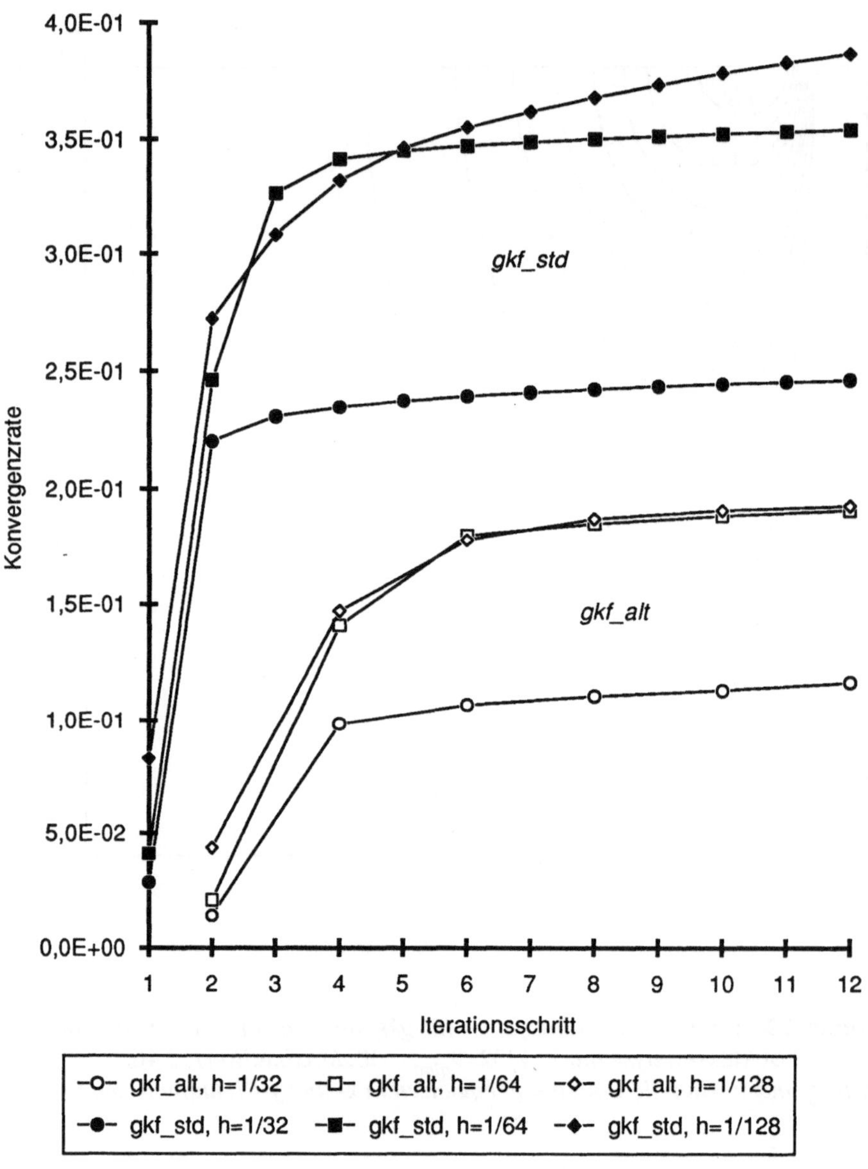

Abbildung 2.2.7: *Vergleich der Residuenkonvergenzrate von gkf_std und gkf_alt, standardisiert auf eine Iteration gkf_std als Aufwandseinheit.*

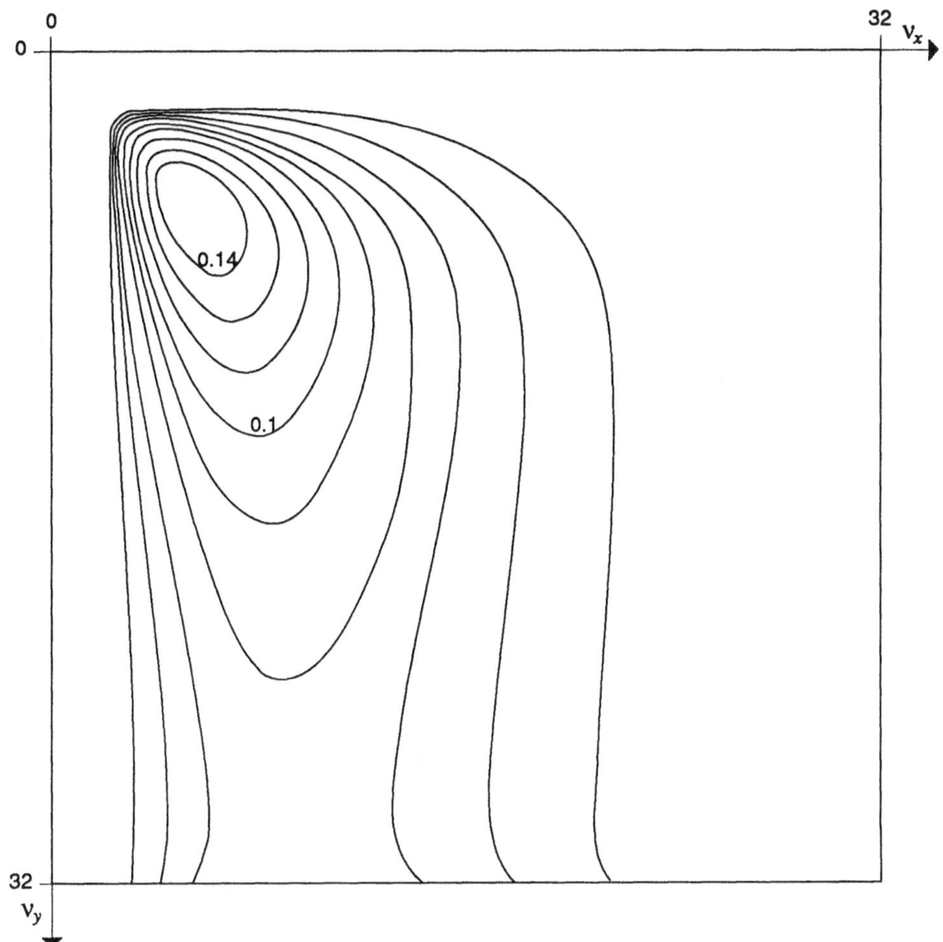

Abbildung 2.2.8: *Fehlerdämpfungsfaktor von gkf_alt, wobei der Korrektor alternierend benutzt wurde. Weitere Daten wie in Abb. 2.2.7*

verbesseren wir das Verfahren, indem wir Glätter und Korrektor jeweils alternierend benutzen, d.h. ein Schritt mit lexikographischer Anordnung in Zeilenrichtung wird mit einem weiteren Schritt mit entsprechender Anordnung in Spaltenrichtung kombiniert, wie in Algorithmus 2.2.6 dargestellt.

Algorithmus   2.2.6: $gkf\ alt$

procedure $gkf\_alternierernd$ (v_{glatt}, $maxit$: integer; var u: Gitterfunktion);

    var i, v_1, v_2 : integer; g, gt, r, rt : Tridiagonalmatrix;

```
begin
{ Berechne Zerlegung }
        v₁ := 1;  v₂ := 2;
        Berechne_Zerlegung(v₁,v₂, r);
                Berechne_Zerlegung_transponiert (v₁,v₂, rt);
        v₁ := v_glatt;  v₂ := v₁ + 1;
        Berechne_Zerlegung  (v₁,v₂, g);
        Berechne_Zerlegung_transponiert  (v₁,v₂, gt);
{ Iterieren }
        for i:=1 to maxit do
        begin
                Iterationsschritt ( r, u);
                Iterationsschritt_transponiert( rt, u);
                Iterationsschritt ( g, u);
                Iterationsschritt_transponiert ( gt, u);
        end
end;
```

Die numerischen Ergebnisse zeigen eine deutliche Verbesserung, die aus den Abbildungen 2.2.7 und der entsprechenden FOURIER-Analyse in Abbildung 2.2.8 ersichtlich ist. Allerdings sind diese numerischen Tests in WITTUM [10] die einzige Rechtfertigung für unser Vorgehen. Ehe wir diese Effekte eingehend untersuchen, wollen wir den Algorithmus in einen allgemeineren Rahmen stellen.

2.3 Eine Klasse filternder Zerlegungen

Offensichtlich entscheidet die Wahl der Testvektoren e_k in (2.2.5) über das Verhalten des Verfahrens. Wegen des für die T_i in (2.2.5) vorgeschriebenen Tridiagonalmusters brauchen wir zwei Testvektoren für eine Zerlegung. Schreiben wir in (2.2.5) das Besetzungsmuster anstatt für die T_i für den Korrekturterm $L_{i-1} T_{i-1}^{-1} L_{i-1}^T$ vor und variieren die Anzahl der Testvektoren, so können wir hierüber analog zu Abschnitt 2.1 *filternde Zerlegungen* verschiedener Ordnung definieren.

Definition 2.3.1 *Filternde Zerlegungen der Ordnung p.*

*Habe K die Blockgestalt (2.2.1) und seien p+1 Testvektoren $e_0,...,e_p$ vorgegeben. Dann ist die **filternde Zerlegung der Ordnung p**, abgekürzt $FLR_{p,e_0,...,e_p}$, gegeben durch*

$$(2.3.1) \qquad M = (L+T)\,T^{-1}\,(L^T+T),$$

wobei

$$(2.3.2a) \qquad T := \text{blockdiag}(T_1,...,T_m),$$

$$T_i = D_i - \Theta_i\,, \quad i > 1, \quad T_1 = D_1,$$

mit der symmetrischen 2p+1-diagonalen Matrix Θ_i, berechnet durch

$$(2.3.2b) \qquad \Theta_{i+1} e_j := L_i T_i^{-1} L_i^T e_j, \quad j = 0,...,p.$$

*Sind die Testvektoren $e_0,...,e_p$ nach Vorgabe von p Testfrequenzen $v_0,...,v_p$ gemäß (2.2.6) konstruiert, so sprechen wir von einer **frequenzfilternden Zerlegung der Ordnung p** mit den Testfrequenzen $v_0,...,v_p$, $FFLR_{p,v_0,...,v_p}$. Die zugehörige angenäherte Inverse bezeichnen wir mit $M_{p,v_0,...,v_p}$.*

T_i hat das Besetzungsmuster

$$(2.3.3) \qquad \mathfrak{M}_{T_i} = \mathfrak{M}_{D_i} + [*\underbrace{...}_{p}*\underbrace{...}_{p}*]$$

Die Absicherung der Stabilität für $p > 1$ erfolgt wie in Lemma 2.2.1 unter einer zu (2.2.8) analogen Bedingung. 0Ebenso sind Erweiterungen auf Matrizen, die nicht mehr Block-Tridiagonalgestalt besitzen, ohne weiteres möglich. Wir haben uns nur der einfacheren Darstellung halber auf Block-Tridiagonalmatrizen beschränkt. Diese repräsentieren auch schon eine größere Klasse praktischer Probleme. Insbesondere bleibt beim Übergang zu vollen Blockmatrizen die grundlegende Filtereigenschaft in Lemma 2.4.2 erhalten.

Interessant ist auch der Fall $p = 0$. Die Θ_i sind dann Diagonalmatrizen. Zur Stabilität muß hier für den einzigen Testvektor e

$$(2.3.4) \qquad e_j \neq 0, \ \text{falls} \ ((L_{i-1}T_{i-1}^{-1}L_{i-1}^T)e)_j \neq 0, \ \text{für } j = 1,\dots,n,$$

gelten. Die resultierende Zerlegung ist nicht eindeutig, was jedoch in dem folgenden Spezialfall nichts schadet.

Bemerkung 2.3.2:   *Gestalt der Korrekturmatrizen beim Diagonalschema*

Sei $p=0$. Die Stabilitätsbedingung (2.3.4) *ist automatisch erfüllt, falls gerade ein Eigenvektor von $L_{i-1}T_{i-1}^{-1}L_{i-1}^T$ zum Testen verwendet wird, da hier*

$$(2.3.5) \qquad L_{i-1}T_{i-1}^{-1}L_{i-1}^T e = \rho_i e, \ \Theta_i := \rho_i I$$

(2.3.2b) *erfüllt und Θ infolgedessen nicht mehr punktweise berechnet werden muß. Da wir einen für alle i einheitlichen Testvektor voraussetzen, ist dies im wesentlichen dann sinnvoll, wenn die Blöcke von K, L_i und D_i alle den Testvektor e zum Eigenvektor haben. Wählt man e gemäß* (2.2.6), *so trifft dies insbesondere auf unser Modellproblem* (2.1.12) *zu.*

Einige Eigenschaften dieser filternden Zerlegungen sind im folgenden Abschnitt zusammengetragen.

2.4 Einige Eigenschaften filternder Zerlegungen

Im folgenden untersuchen wir Eigenschaften filternder Zerlegungen, die für ihre Anwendung im Rahmen klassischer schneller Löser wie etwa zur Vorkonditionierung für das Verfahren der konjugierten Gradienten oder als Glätter in Mehrgitterverfahren wesentlich sind. Zunächst geben wir eine im folgenden benötigte Darstellung der Restmatrix N an.

Lemma 2.4.1: *Darstellung der Restmatrix N.*

Die Restmatrix N der FLR-Zerlegung nach Definition 2.3.1 hat die Darstellung

$$(2.4.1a) \qquad N = \text{blockdiag}\,(N_i)$$

mit

$$(2.4.1b) \qquad N_i = \begin{cases} 0 & \text{für } i = 1 \\ L_{i-1} T_{i-1}^{-1} L_{i-1}^{T} - \Theta_i & \text{für } i > 1 \end{cases},$$

und Θ_i, T_i aus (2.3.2).

Beweis:

Bezeichne $K = (L+\overline{T})\,\overline{T}^{-1}(L^T+\overline{T})$ die exakte Blockzerlegung von K. Dann gilt

$$N = M - K = (L+T)\,T^{-1}\,(L^T+T) - (L+\overline{T})\,\overline{T}^{-1}(L^T+\overline{T})$$

$$= T - \overline{T} + L\,(T^{-1} - \overline{T}^{-1})L^T,$$

was die Behauptung für $i=1$ beweist. Für $i>1$ ist

$$N_i = T_i - \overline{T}_i + L_{i-1}(T_{i-1}^{-1} - \overline{T}_{i-1}^{-1})L_{i-1}^{T}$$

$$= D_i - \Theta_i - D_i + L_{i-1} \overline{T}_{i-1}^{-1} L_{i-1}^{T} - L_{i-1} \overline{T}_{i-1}^{-1} L_{i-1}^{T} + L_{i-1} T_{i-1}^{-1} L_{i-1}^{T}$$

$$= L_{i-1} T_{i-1}^{-1} L_{i-1}^{T} - \Theta_i \,. \qquad \square$$

Hieraus ergibt sich die folgende grundlegende Eigenschaft filternder Zerlegungen

Lemma 2.4.2:   *Die Filtereigenschaft von FLR.*

Seien p Testvektoren $e_0,\dots,e_p$ gegeben und bezeichne

$$(2.4.2) \qquad S = I - M^{-1}K$$

mit M aus (2.3.1) den Iterationsoperator der entsprechenden filternder Zerlegungen der Ordnung p. Mit

$$(2.4.3) \qquad \mathfrak{d}_j := \begin{pmatrix} v_1 e_j \\ v_2 e_j \\ \vdots \\ v_m e_j \end{pmatrix},$$

mit $\mathfrak{v} \in \mathbb{R}^m$ beliebig, gilt dann

$$(2.4.4) \qquad S\,\mathfrak{d}_j = 0 , \ \textit{für} \ j = 0,\dots,p.$$

Beweis:
Nach Lemma 2.3.2 sind die Blöcke der Restmatrix N für $i>1$ gegeben durch

$$N_i = L_{i-1}T_{i-1}^{-1}L_{i-1}^T - \Theta_i$$

mit T_i, Θ_i aus (2.3.2). Nach Konstruktion ist $N_i\cdot e_j = 0$ für $j = 0,\dots,p$. $\square$

Im folgenden untersuchen wir weitere wichtige Eigenschaften von M und N, wie etwa die positive Definitheit von M. Diese ist grundlegend für den Einsatz solcher Frequenzfilterverfahren als Vorkonditionierer, spielt aber auch eine wesentliche Rolle beim Nachweis der Glättungseigenschaft.

Wir benötigen dazu die Voraussetzungen

$$(2.4.5) \qquad K = K^T > 0 \ \textit{habe die Gestalt (2.2.1)}$$

und

$$(2.4.6) \qquad \textit{die Testvektoren } e_j,\ j=0,\dots,p,\ \textit{seien so gewählt,}$$
$$\textit{daß Rekursion (2.3.2) stabil verläuft.}$$

Eine hinreichende Bedingung für die positive Definitheit von M ist in Lemma 2.4.3 angegeben.

Lemma 2.4.3:   *Positive Definitheit von M.*

Gelte (2.4.5), (2.4.6) und für $i=2,\ldots,m$

(2.4.7)
$$\alpha_{min,i} > \rho_{max,i}$$

$$\alpha_{min,i} := \min \{\, \alpha: \alpha \in \sigma(D_i) \,\},$$

$$\rho_{max,i} := \max \{\, \rho : \rho \in \sigma(L_{i-1} T_{i-1}^{-1} L_{i-1}^T) \,\},$$

und

(2.4.8)
$$\rho_{max,i} \geq \max \{\, \vartheta : \vartheta \in \sigma(\Theta_i) \,\}.$$

Dann ist $M_{p,e_0,\ldots,e_p}$ positiv definit.

Beweis:
Offensichtlich ist M aus (2.1.6) positiv definit, wenn nur T_i positiv ist für $i=1,\ldots,m$. Für $i=1$ ist dies wegen $T_1 = D_1$ klar. Sei also $i > 1$. Dann ist mit $\mathfrak{x} \in \mathbb{R}^n$ wegen (2.4.7) und (2.4.8)

$$\frac{\mathfrak{x}^T T_i \mathfrak{x}}{\mathfrak{x}^T \mathfrak{x}} = \frac{\mathfrak{x}^T D_i \mathfrak{x}}{\mathfrak{x}^T \mathfrak{x}} - \frac{\mathfrak{x}^T \Theta_i \mathfrak{x}}{\mathfrak{x}^T \mathfrak{x}} \geq \alpha_{min,i} - \rho_{max,i} > 0.$$

$\square$

Lemma 2.4.3 hilft bei einfachen Modellproblemen und für $p=0$ weiter. Es sei darauf hingewiesen, daß es wegen der Blockstruktur des Algorithmus genügt, die Eigenvektoren für die Blöcke zu kennen. Das heißt man braucht nur die Eigenvektoren für eine Richtung. Die Voraussetzungen von Lemma 2.4.3 sind etwa im Falle, daß D_i konstante Koeffizienten hat und $L_i = \alpha_i I$ ist, erfüllt, wie im folgenden Lemma festgehalten.

Lemma 2.4.4:   *Positive Definitheit von M für $p=0$*

K erfülle (2.4.5). Weiter mögen die Blöcke $L_i = L_i^T$ und D_i von K, $i=1,\ldots,m$, ein gemeinsames System von Eigenvektoren $\mathfrak{v}_j$, $j=1,\ldots,n$, besitzen, mit

$$(2.4.9a) \qquad D_i \mathbf{v}_1 = \alpha_{min,i}\, \mathbf{v}_1, \quad für \ i=1,\dots,m,$$

$$(2.4.9b) \qquad L_i^T L_i\, \mathbf{v}_1 = \lambda_{max,\,i}^2\, \mathbf{v}_1, \quad für \ i=1,\dots,m\text{-}1,$$

mit $\alpha_{min,i}$ *aus (2.4.7) und*

$$(2.4.10) \qquad \lambda_{max,\,i}^2 := \max\{\, \lambda^2;\, \lambda \in \sigma(L_i)\,\}.$$

Ist weiter p=0 und wird als Testvektor einer der Eigenvektoren $\mathbf{e} = \mathbf{v}_j$ *verwendet, so ist* $M_{p=0,\mathbf{e}}$ *positiv definit.*

Beweis:

Nach Voraussetzung ist der Testvektor $\mathbf{e}$ gerade Eigenvektor der D_i und L_i und damit auch des ersten SCHUR-Komplements $R_2 := L_1 T_1^{-1} L_1^T$. Folglich ist wegen $p=0$ nach (2.3.5) $\Theta_2 = \vartheta_2 I$, , wenn ϑ_2 gerade den Eigenwert von R_2 zum Eigenvektor $\mathbf{e}$ bezeichnet. Induktiv gilt dies dann für alle Θ_i entsprechend. Somit ist (2.4.8) unmittelbar klar.

Wegen (2.4.5) hat K eine exakte CHOLESKY-Zerlegung: $K = (L + \overline{T})\, \overline{T}^{-1} (L^T + \overline{T})$, mit $\overline{T} = $ blockdiag $(\overline{T}_1, \dots \overline{T}_m)$. Bezeichnet man mit ρ'_{ij} die Eigenwerte der SCHUR-Komplemente $L_{i-1} \overline{T}_{i-1}^{-1} L_{i-1}^T$, für $i=2,\dots,m$, und $j=1,\dots,n$, so ist für $i=2$ wegen (2.4.9)

$$(2.4.11a) \qquad L_{i-1} \overline{T}_{i-1}^{-1} L_{i-1}^T\, \mathbf{v}_1 = \lambda_{max,\,i-1}^2 \,/\, \tau'_{min,i-1}\ \mathbf{v}_1$$
und

$$(2.4.11b) \qquad \rho'_{max,i} = \lambda_{max,\,i-1}^2 \,/\, \tau'_{min,i-1}.$$

Somit ergibt sich der kleinste Eigenwert $\tau'_{min,i}$ von $\overline{T}_i$ für $i=2$ zu

$$(2.4.11c) \qquad \tau'_{min,i} = \alpha_{min,i} - \rho'_{max,i} = \alpha_{min,i} - \lambda_{max,\,i-1}^2 \,/\, \tau'_{max,i-1}$$

und gehört infolgedessen ebenfalls zu $\mathbf{v}_1$. Offensichtlich reproduziert sich diese Eigenschaft. Daher gelten (2.4.11a–c) induktiv auch für $i > 2$. Die positive Definitheit von K erzwingt also

$$(2.4.12a) \qquad \tau'_{min,i} = \alpha_{min,i} - \rho'_{max,i} > 0.$$

Da $\Theta_i = \vartheta_i I$, wird für $i=2$

$$(2.4.12b) \qquad \tau_{min,i} = \alpha_{min,i} - \vartheta_i \geq \alpha_{min,i} - \rho'_{max,i} = \tau'_{min,i} > 0.$$

Nun gehört $\tau_{min,i}$ ebenfalls zum selben Eigenvektor $\mathbf{v}_1$. Somit folgt (2.4.12b) für $i > 1$ induktiv und damit die Behauptung. $\qquad\qquad\Box$

Die Voraussetzungen von Lemma 2.4.4 treffen insbesondere zu für unser Modellproblem (2.1.12), wie im folgenden bemerkt.

Satz 2.4.5:   *Anwendung auf Modellproblem (2.1.12)*

Seien K wie in (2.1.12) und $1 \leq v \leq n$ gegeben.
Dann ist die angenäherte Inverse $M_{p=0,v}$ positiv definit.

Beweis: K aus (2.1.12) erfüllt die Voraussetzungen von Lemma 2.4.4 mit den Eigenvektoren σ_v aus (2.2.6). Hieraus folgt dann die Behauptung.   ❏

Neben der Definitheit von M spielt diejenige von N eine wesentliche Rolle. Im Fall $p=0$ wird diese im folgenden Lemma diskutiert.

Lemma 2.4.6:   *Definitheit der Restmatrix N.*

Sei $p=0$ und gelte (2.4.5), (2.4.6) . Weiter sei der Testvektor $\mathbf{e}$ gerade Eigenvektor der SCHUR-*Komplemente $L_{i-1}T_{i-1}^{-1}L_{i-1}^T$, für $i=2, \ldots, m$, zum Eigenwert ρ gewählt.*

Dann verhält sich die Restmatrix N wie folgt

$$
\begin{array}{lll}
N \text{ ist} & \text{negativ semidefinit} & \text{für } \rho = \max \{\, \rho_j : \rho_j \in \sigma(L_{i-1}T_{i-1}^{-1}L_{i-1}^T) \,\} \\
N \text{ ist} & \text{positiv semidefinit} & \text{für } \rho = \min \{\, \rho_j : \rho_j \in \sigma(L_{i-1}T_{i-1}^{-1}L_{i-1}^T) \,\}, \\
N \text{ ist} & \text{indefinit} & \text{sonst.}
\end{array}
$$

(2.4.13)

Beweis: Da nach (2.3.5) $\Theta_i = \rho I$, folgt die Behauptung sofort aus der in Lemma 2.4.1 angegebenen Darstellung der Restmatrix (2.4.1).   ❏

Aus diesen Lemmata lassen sich Aussagen über die Glättungseigenschaft sowie über die Kondition des vorkonditionierten Systems herleiten. Die Glättungseigenschaft behandelt der folgende Satz.

Satz 2.4.7:   *Glättungseigenschaft von FLR.*

Es gelten die Voraussetzungen von Lemma 2.4.4 und

$$(2.4.13) \qquad\qquad \|M\| \le C \cdot \|K\|,$$

wobei als Testvektor der Eigenvektor zum kleinsten Eigenwert $\tau = \min \{ \ \tau_j : \tau_j \in \sigma(L_{i-1} T_{i-1}^{-1} L_{i-1}^T) \ \}$ *der* SCHUR-*Komplemente gewählt sei.*

Dann hat S die Glättungseigenschaft (1.3.5a).

Beweis: Nach Satz 2.4.5. und Lemma 2.4.4 sind M und N positiv (semi-)definit. Somit folgt die Behauptung aus Satz 1.3.2. $\qquad\qquad$ ❏

Hieraus folgt sofort die Konvergenz des entsprechenden Iterationsoperators S.

Bemerkung 2.4.8:   *Konvergenz von FLR.*

S aus Satz 2.4.7 ist konvergent.

Beweis: Folgt aus Satz 2.4.7 nach Lemma 6.1.5 in [Hackbusch, Mehrgitter]. $\qquad$ ❏

Wie oben erwähnt, lassen sich frequenzfilternde Zerlegungen auch als Vorkonditionierer für konjugierte-Gradienten-Verfahren oder TSCHEBYSCHEFF-Iterationen einsetzen. Die Konvergenz der resultierenden Methode ist im wesentlichen bestimmt durch die Konditionszahl κ des vorkonditionierten Systems $M^{-1/2} K M^{-1/2}$, die im Fall symmetrischer und positiv definiter Matrizen die Form

$$(2.4.14) \qquad\qquad \kappa = \lambda_{max} / \lambda_{min},$$

annimmt, wobei λ_{max} und λ_{min} den größten bzw. kleinsten Eigenwert von $M^{-1}K$ bezeichnen (vgl. hierzu AXELSSON-BARKER [1], und die dortigen Verweise). Der kleinste Eigenwert läßt sich für $FLR_{p,v}$ folgendermaßen abschätzen.

Lemma 2.4.9:   *Schranke für den kleinsten Eigenwert.*

Gelten die Voraussetzungen von Lemma 2.4.4. Weiter sei als Testvektor **e** *gerade ein Eigenvektor von* $L_{i-1} T_{i-1}^{-1} L_{i-1}^T$ *zum Eigenwert*

$$\rho = \max \{ \, \rho_j : \rho_j \in \sigma(L_{i-1} T_{i-1}^{-1} L_{i-1}^T) \, \}$$

gewählt.

Dann ist der kleinste Eigenwert λ_{min} des vorkonditionierten Systems $M^{-1/2} K \, M^{-1/2}$ gegeben durch

(2.4.15) $$\lambda_{min} = 1.$$

Beweis: Da nach Voraussetzung und Lemma 2.4.4 K und M positiv definit sind, gilt

$$\lambda_{min} \; = \; \min_{x \neq 0} \frac{x^T K x}{x^T M x} \; = \; \min_{x \neq 0}\left(\frac{x^T M x}{x^T M x} - \frac{x^T N x}{x^T M x}\right) \; = \; \min_{x \neq 0}\left(1 - \frac{x^T N x}{x^T M x}\right).$$

Weiter ist nach Lemma 2.4.6 N negativ semidefinit. Daher gilt

$$\min_{x \neq 0}\left(1 - \frac{x^T N x}{x^T M x}\right) \geq 1,$$

und somit die Behauptung. $\qquad\qquad\qquad\qquad\qquad\qquad\qquad\qquad\qquad$ $\square$

Die Modellproblemanalyse in Abschnitt 3.1 legt nahe, daß der größte Eigenwert λ_{max} asymptotisch $\mathcal{O}(h^{-1})$ ist. Dies bedeutet, daß die Kondition des vorkonditionierten Systems für $\nu=1$ und Problem (2.1.12) sich asymptotisch verhält wie $\mathcal{O}(h^{-1})$. Damit ist $M_{p=0,\, \nu=1}$ als Vorkonditionierer vergleichbar mit der sogenannten modifizierten unvollständigen Zerlegung MILU (vgl. GUSTAFSSON [1]).

Analog zu den Algorithmen 2.2.3 und 2.2.6 lassen sich mit diesen frequenzfilternden Zerlegungen Glätter-Korrektor-Verfahren formulieren wie im folgenden Abschnitt angegeben.

2.5 Glätter-Korrektor-Verfahren

Mit Hilfe dieser frequenzfilternden Zerlegungen lassen sich analog zu den in Abschnitt 2.2 angegebenen Algorithmen *gkf_std* und *gkf_alt* Glätter-Korrektor-Verfahren formulieren. Diese werden dann weiter unten eingehend diskutiert und angewandt.

Algorithmus 2.2.3 *gkf_std* und Algorithmus 2.2.6 *gkf_alt* verwenden zum Korrigieren nur einen Frequenzfilterschritt. Die alternierende Verwendung von $FLU_{p=0,\ v_0=1, v_1=2}$ ändert hieran nichts wesentliches. Wie einleitend erwähnt, muß aber beim Mehrgitterverfahren zum Korrigieren eine logarithmische Anzahl von Hilfsproblemen gelöst werden. Schon dies läßt vermuten, daß die genannten einfachen Algorithmen asymptotisch kaum optimal sein können, trotz ihrer fraglos erfolgreichen Anwendbarkeit auf Gittern mittlerer Feinheit. In Analogie zum Korrekturprozeß beim Mehrgitterverfahren erweitern wir daher das bisherige Glätter-Korrektor-Verfahren durch Hinzunehmen weiterer Testfrequenzen. Analog zum Korrekturprozeß beim Mehrgitterverfahren wählen wir eine logarithmische Folge von Testfrequenzen wie folgt. Seien für $p=1$, $\alpha>1$, $\kappa := \left[{}_\alpha\log(n)\right]$, $j=0,1$ und $i=1,\ldots,\kappa-1$ die Folgen $v_j^{(i)}$ definiert vermöge

$$
\begin{aligned}
v_0^{(1)} &:= 1 \\
v_0^{(i+1)} &:= \begin{cases} \left[\alpha v_0^{(i)}\right] & \text{falls } \left[\alpha v_0^{(i)}\right] > v_0^{(i)}+1 \\ v_0^{(i)}+2 & \text{sonst} \end{cases} \\
v_1^{(i)} &:= v_0^{(i)} + 1 \ .
\end{aligned}
$$

(2.5.1)

Der Streckungsfaktor α entspricht hierbei dem Vergröberungsfaktor im Mehrgitterprozeß. Üblicherweise denkt man daher an $\alpha=2$. Einige praktische Tests in Abschnitt 5.1 zeigen aber, daß auch hiervon abweichende Faktoren ihre Berechtigung haben, daher ist er in die folgenden Algorithmen einbezogen. Der zugehörige Glätter-Korrektor-Algorithmus ist nachstehend beschrieben.

Algorithmus 2.5.1: $GKFF_{p=1,\alpha}$ *(Tridiagonalschema)*

```
procedure GKFF_1 (α, maxit : integer; var u,f: Gitterfunktion);

    var i, v₀, v₁ , k , l: integer; t₁,...,tκ : Tridiagonalmatrix;

    begin
        { Berechne die Zerlegungen }
            v₀ := 1;  v₁ := 2;  i :=0;

            while v₁ < n do
            begin

                i := i + 1;
                Berechne_Zerlegung (v₀,v₁, tᵢ);
                if round (α*v₀) <=v₁    then  v₀ :=  v₀ + 1
                                       else  v₀ := round (α*v₀);

                v₁ :=  v₀ + 1;
            end;

        { Iteration }

            k  := i;

            for  l := 1  to maxit do
                    for i := 1 to k do Iterationsschritt ( tᵢ, u,f );
    end;
```

Dieser Algorithmus läßt sich selbstverständlich auch alternierend verwenden.

Algorithmus 2.5.2: $GKFF\_alt_{p=1,\alpha}$

procedure $GKFF\_1\_alt$ (α, *maxit* : integer; var u,f: Gitterfunktion);

    var i, v_0, v_1, k , l: integer; $t_1,\ldots,t_\kappa,tt_1,\ldots,tt_\kappa$: Tridiagonalmatrix;
    begin
    { Berechne die Zerlegungen }
        v_0 := 1; i :=0;
        while $v_1 < n$ do
        begin
            $i := i + 1$; $v_1 := v_0 + 1$;
            Berechne_Zerlegung (v_0,v_1, t_i);
            Berechne_Zerlegung_alternierend (v_0,v_1, tt_i);
            if round $(\alpha^* v_0) <= v_1$ then $v_0 := v_0 + 2$
                                      else v_0 := round $(\alpha^* v_0)$;
        end;
    { Iteration }
        k := i;
        for $l := 1$ to *maxit* do
            for $i := 1$ to k do
            begin
                Iterationsschritt (t_i, u, f);
                Iterationsschritt_alternierend (tt_i, u, f);
            end;
end;

Für $p=0$ sei ebenfalls ein Glätter-Korrektor-Algorithmus angegeben.

Algorithmus 2.5.3: $\qquad GKFF\_alt_{p=0,\alpha}$ *(Diagonalschema)*

```
procedure GKFF_0_alt (α, maxit : integer; var u,f: Gitterfunktion);

    var i, v₀, k , l: integer;  t₁,…,t_κ,tt₁,…,tt_κ : Tridiagonalmatrix;
    begin
    { Berechne die Zerlegungen }
        v₀ := 1;  i :=0;
        while v₀ < n do
        begin
            i := i + 1;
            Berechne_Zerlegung  (v₀, tᵢ);
            Berechne_Zerlegung_alternierend  (v₀, ttᵢ);
            if round (α*v₀) =v₀      then v₀ := v₀ + 1
                                     else v₀ := round (α*v₀);
        end;
        { Iteration }
        k  := i;
        for l := 1  to maxit do
            for i := 1 to k do
            begin
                Iterationsschritt ( tᵢ, u, f );
                Iterationsschritt_alternierend ( ttᵢ, u, f );
            end;
end;
```

Natürlich ist es für $n \to \infty$ nicht praktikabel, alle Zerlegungen anfangs zu berechnen und abzuspeichern. In der Praxis wird man so viele Zerlegungen wie möglich anfangs berechnen und abspeichern, da allein die Berechnungsphase etwa den Aufwand eines Glätter-Korrektor-Schrittes erfordert, während die nicht mehr speicherbaren Zerlegungen dann zur Laufzeit berechnet werden müssen. Das Speicherproblem wird in Kapitel 5 noch weiter diskutiert.

Analoge Verfahren lassen sich auch für $p > 1$ formulieren. Die numerischen Ergebnisse sind aber schon für das Tridiagonalschema so gut, daß der Fall $p > 1$ akademisch scheint, zumindest bei den hier behandelten Problemen.

Mit den hier formulierten Algorithmen werden wir uns in den folgenden Kapiteln beschäftigen. Wir beginnen unsere Analyse mit dem Diagonalschema. Sie wird auch zeigen, warum dies nur alternierend angegeben ist und warum wir eine logarithmische Folge von Testfrequenzen gewählt haben.

3. Modellanalyse

3.1 Das Diagonalschema

Um Einsicht in das Verhalten der in Kapitel 2 eingeführten Algorithmen zu bekommen und insbesondere die Komplexität der vorgeschlagenen Glätter-Korrektor-Verfahren auf Frequenzfilterbasis herauszufinden, wollen wir das Diagonalschema, also die *FF*-Zerlegung nullter Ordnung anhand eines Standard-Modellproblems analysieren. Hierzu ist zunächst die Rekursion selbst zu betrachten.

3.1.1 Die Rekursion

Werden in Modellproblem (2.1.12, $\varepsilon=1$) die Gitterpunkte zeilenweise lexikographisch durchnumeriert, so ist $L_i = L_i^T = -I$ [1], und da die Ausgangsmatrix konstante Koeffizienten hat, ist der Testvektore e aus (2.2.6) gerade Eigenvektor der D_i und damit auch aller während der Rekursion (2.3.2) auftretenden Korrekturmatrizen Θ_i. Somit tritt hier der in Bemerkung 2.3.2 besprochene Fall ein und die Θ_i haben die in (2.3.5) erwähnte einfache Gestalt. Rekursion (2.3.2) wird folglich zu

$$(3.1.1) \qquad T_i \;=\; D_i - \vartheta_i I \,, \; i \geq 1,$$

$$\text{wobei}$$

$$\vartheta_i = \begin{cases} 0 & \text{für } i = 1, \\ \dfrac{1}{\tau_i}, & T_i\, e = \tau_i\, e, \quad \text{für } i > 1. \end{cases}$$

Die so entstehende Folge von ϑ_i konvergiert, wie in dem folgenden Lemma erläutert.

---

[1] Gegenüber Kapitel 2 unterdrücken wir im folgenden den Faktor h^{-2}, da er im Zusammenhang unserer Analysen keine weitere Bedeutung hat. Man denke sich die diskrete Gleichung entsprechend skaliert.

Lemma 3.1.1:   *Konvergenz der Zerlegungskoeffizienten*

Die ϑ_i aus (3.1.1) genügen der Beziehung

$$(3.1.2) \qquad\qquad 0 < \vartheta_i < \vartheta_{i+1} < 1, \; \textit{für } i \geq 1.$$

Sie konvergieren gegen

$$(3.1.3a) \qquad\qquad \vartheta_i \rightarrow \vartheta := q - \sqrt{q^2-1} \; ,$$

wobei

$$(3.1.3b) \qquad\qquad q := 2 - \cos(v_j \, h \, \pi)$$

und v_j die verwendete Testfrequenz ist.

Beweis: Die Diagonaleinträge von T_i aus (3.1.1) sind $4-\vartheta_i$. Folglich haben wir für die ϑ_i die Rekursion

$$(3.1.4) \qquad\qquad 1/\vartheta_{i+1} = 2q - \vartheta_i \; .$$

ad (3.1.2): Wir führen den Beweis mit Induktion. Für $i = 1$ ist (3.1.2) erfüllt.

<u>*i*–1$\Rightarrow$ *i*:</u> Gelte (3.1.2) für i–1. Aus (3.1.4) folgt sofort $\vartheta_{i+1} > \vartheta_i$. Wegen $q > 1$ gilt nach Induktionsannahme $\vartheta_i < 2q-1$ und somit $\vartheta_i = 1/(2q-\vartheta_{i-1}) < 1$.

ad (3.1.3): Gemäß (3.1.2) konvergiert die Folge (ϑ_i) gegen einen Grenzwert ϑ. Dieser läßt sich als Fixpunkt von (3.1.4) berechnen: $1/\vartheta = 2q - \vartheta$, was auf (3.1.3) führt.

$\qquad\qquad\qquad\qquad\qquad\qquad\qquad\qquad\qquad\qquad\qquad\qquad\qquad\qquad\qquad\qquad$ ❏

3.1.2 Modellproblemanalyse

Im folgenden seien v eine feste Testfrequenz, ϑ_v der zugehörige Grenzwert aus (3.1.3a) und $n=m$. Wir wandeln die Zerlegung ein wenig ab und ersetzen M aus (2.1.6) durch

$$(3.1.5a) \quad M_V^\infty = \begin{pmatrix} T_V + T_V^{-1} & -I & & & & \\ -I & T_V + T_V^{-1} & -I & & & \\ & \ddots & \ddots & \ddots & & \\ & & -I & T_V + T_V^{-1} & -I & \\ & & & -I & T_V + T_V^{-1} \end{pmatrix}$$

mit

$$(3.1.5b) \qquad\qquad T_V = \begin{bmatrix} -1 & 4 - \vartheta_V & -1 \end{bmatrix}$$

und $\vartheta_V = \vartheta$ aus (3.1.3a).

Das bedeutet ein Ersetzen der aus Rekursion (3.1.1) entstehenden Matrix M durch deren Grenzmatrix. Diese unterscheidet sich nur durch ein Fehlen der Randeinflüsse von der in Kapitel 2 definierten. Die entsprechende *FF*-Zerlegung bezeichnen wir deshalb auch als $FF^\infty_{p=0,v}$. Sie kann als zu einer Poissongleichung in einem Streifen parallel zur y-Achse oder im Quadrat mit periodischen Randbedingungen für $x=0$ und $x=1$ gehörig betrachtet werden. Interessant ist hier, daß Periodizität nur in einer Richtung nötig ist, da die Testvektoren gerade Eigenvektoren der Blöcke sind. M_v^∞ erfüllt ebenfalls die Filtereigenschaft aus Lemma 2.4.2 , hat aber konstante Koeffizienten und daher wieder dieselben Eigenvektoren wie K. Deshalb lassen sich die Eigenwerte des Iterationsoperators S einfach darstellen, wie im folgenden Lemma gezeigt.

Lemma 3.1.6: *Eigenwerte von $FF^\infty_{0,v}$*

Der zu $FF^\infty_{p=0,v}$ gehörende Iterationsoperator

$$(3.1.6) \qquad\qquad S_v^\infty = I - M_v^{\infty^{-1}} K$$

mit M_v^∞ aus (3.1.5) hat die Eigenvektoren

$$(3.1.7a) \qquad \mathfrak{m}_{k,\ell} := \left(\sin(k\,i\,h\,\pi) \sin(\ell\,j\,h\,\pi) \right)_{i,j=1}^n ,$$

wobei

$$(3.1.7b) \quad k, \ell \in \mathfrak{X} := \{ (k, \ell),\, k, \ell \in \mathbb{N},\, 1 \le k, \ell \le h^{-1}-1 \},\, h := 1/(n+1) .$$

Die zugehörigen Eigenwerte lauten

$$(3.1.8a) \qquad \kappa_{k,\ell}^{(\nu)} := -\frac{2(d_\nu - 4)\gamma_k - d_\nu^2 + 4d_\nu - 1}{(d_\nu - 2\gamma_k)^2 - 2(d_\nu - 2\gamma_k)\gamma_\ell + 1}$$

mit

$$(3.1.8b) \qquad d_\nu := 4 - \lambda^{(\nu)},$$

wobei $\lambda^{(\nu)}$ aus (3.1.3) und

$$(3.1.8c) \qquad \gamma_k := \cos k\, h\, \pi .$$

Beweis: Durch Einsetzen. $\qquad\qquad\qquad\qquad\qquad\qquad\qquad\qquad\qquad$ $\square$

Um Abschätzungen für $\kappa_{k,\ell}$ zu erhalten, untersuchen wir

$$(3.1.9) \qquad f_\nu(\xi,\zeta) := \frac{2(d_\nu - 4)\xi - d_\nu^2 + 4d_\nu - 1}{(d_\nu - 2\xi)^2 - 2(d_\nu - 2\xi)\zeta + 1}$$

für $(\xi,\zeta,d_\nu) \in \mathfrak{D}_n$ wobei

$$\mathfrak{D}_n := \{\, (\xi,\zeta,d_\nu)\colon\ \xi,\zeta \in (-\overline{\xi}_n, \overline{\xi}_n),\ \xi \geq \zeta,\ d \in [\underline{d}_n, 4]\, \}$$

mit

$$\overline{\xi}_n := \cos (h\pi),$$

$$\underline{d}_n := 2 + \cos (h\pi) + ((\, 2 - \cos(\pi h))^2 - 1)^{1/2} > 3$$

Aus den Abbildungen 3.1.3 und 3.1.4, in denen f_ν bei $h = 10^{-3}$ und $\nu = 1$ bzw. $\nu = 500$ aufgetragen ist, wird unmittelbar deutlich, daß sich das Verfahren höchstens als Glätter ($\nu = 500$) eignen kann, auf keinen Fall aber als Korrektor, wegen der offensichtlichen Singularität für $\xi \to 1$ und $\zeta = 1$. Diese Singularität rührt daher, daß sich f für $\zeta = 1$, $d_\nu = 3$ und $\xi \to 1$ verhält wie $f \sim 1/(2(1-\xi))$. Da nach Konstruktion aber $f(\xi = \cos(\nu h\pi), \zeta) = 0$ ist, tritt die Singularität nur einseitig auf (vgl. Abbildung 3.2.2). Die Abbildung legt daher auch die Abhilfe für diese Schwierigkeit nahe. *Man verwende das Verfahren alternierend.* Dies wird auch in der in Lemma 3.1.7 ausgeführten Asymptotik von $\kappa_{k,l}^{(\nu)}$ und von $\kappa_{k,l}^{(\nu)} \kappa_{l,k}^{(\nu)}$ deutlich.

Entsprechend ist ja auch Algorithmus 2.5.3 formuliert. Die hierzu gehörende Funktion

$$(3.1.10) \qquad g_\nu(\xi,\zeta) := f_\nu(\xi,\zeta) \cdot f_\nu(\zeta,\xi)$$

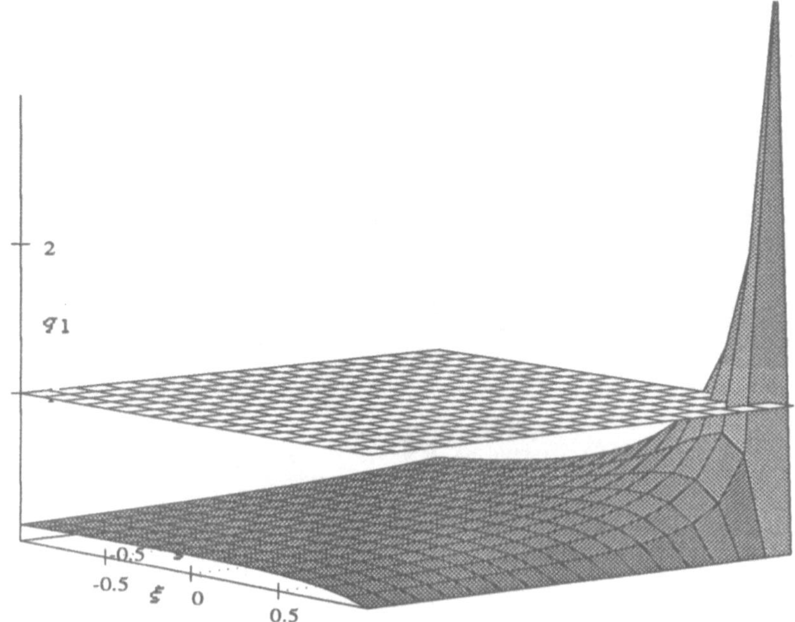

Abbildung 3.1.3: $f_{\nu=1}$ aus (3.1.9) für $h=1/1000$.

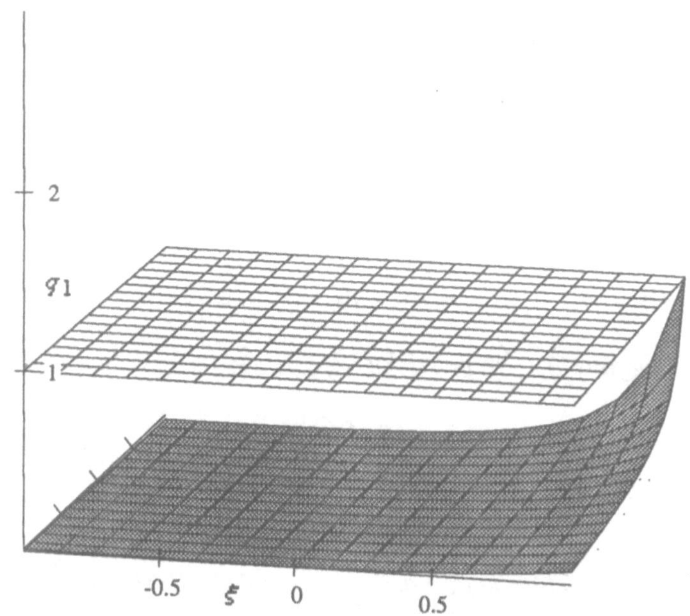

Abbildung 3.1.4: $f_{\nu=500}$ aus (3.1.9) für $h=1/1000$.

ist in Abbildung 3.1.5 gezeigt.

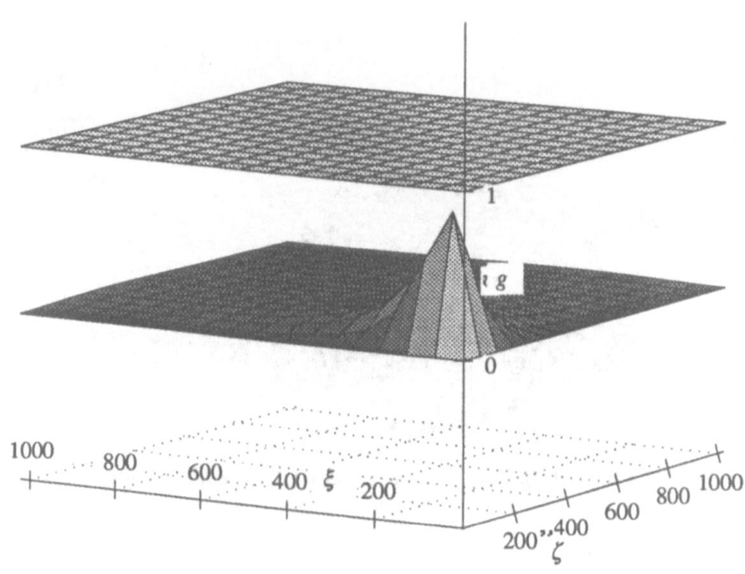

Abbildung 3.1.5: $g_{\nu=1}$ aus (3.1.10), $h=1/1000$.

Das Verhalten von g_ν bestätigt die obigen Überlegungen wie aus folgendem Lemma hervorgeht.

Lemma 3.1.2:   *Schranken für $g_\nu(\xi,\varsigma)$.*

Die Funktion g_ν aus (3.1.10) genügt für $(\xi,\zeta,d) \in \mathfrak{D}_n$, $\forall n \in \mathbb{N}$, der Abschätzung

(3.1.11) $|g_\nu(\xi,\zeta)| < 1.$

Beweis: $g_\nu(\xi,\zeta)$ aus (3.1.10) hat die Gestalt

$$g_\nu(\xi,\zeta) = \frac{(2(4-d_\nu)\zeta + d_\nu{}^2 - 4d_\nu + 1)(2(4-d_\nu)\xi + d_\nu{}^2 - 4d_\nu + 1)}{((d_\nu - 2\xi)^2 - 2(d_\nu - 2\xi)\zeta + 1)((d_\nu - 2\zeta)^2 - 2(d_\nu - 2\zeta)\xi + 1)}.$$

Sei $n \in \mathbb{N}$ fest. Da für $(\xi,\zeta,d) \in \mathfrak{D}_n$ der Nenner immer positiv ist, gilt:

$$g_v(\xi,\zeta) < 1, \quad \hookleftarrow \quad \varphi(\xi,\zeta,d) < 0$$

mit

$$(3.1.12) \quad \varphi(\xi,\zeta,d) := (2(4-d)\zeta + d^2 - 4d + 1)(2(4-d)\xi + d^2 - 4d + 1)$$
$$- ((d-2\xi)^2 - 2(d-2\xi)\zeta + 1)((d-2\zeta)^2 - 2(d-2\zeta)\xi + 1) .$$

In $\mathfrak{D}_n$ ist $\varphi(\xi,\zeta,d)$ monoton wachsend in ξ, aber fallend in ζ und d. Folglich ist

$$\varphi(\xi,\zeta,d) \leq \varphi(\xi,\xi,d) = 0 \quad \text{für } (\xi,\zeta,d) \in \mathfrak{D}_n .$$

Also genügt es zu zeigen, daß $g_v(\xi,\xi) < 1$ gilt für $(\xi,\xi,d) \in \mathfrak{D}_n \ \forall n$. $g_v(\xi,\xi)$ hat ein Maximum für $\xi_0 := (d^2 - 3d - 2)/2/(d-4)$ mit dem Wert

$$g_v(\xi_0,\xi_0) = \frac{(d-4)^2(d^2 - 7d + 12)^2}{d^3 - 3d^2 - 8d + 24} < 1 \text{ für } d > 3.$$

Nach Satz 2.4.5 ist $M > 0$. Deshalb und da Zähler und Nenner von $g_v(\xi,\zeta)$ positiv sind für $(\xi,\zeta,d) \in \mathfrak{D}_n$, gilt auch $-1 < g_v(\xi,\zeta)$. $\qquad\qquad \square$

Damit ist gezeigt, daß das alternierende Schema konvergiert. Über seine Effizienz als Glätter bzw. Korrektor kann jedoch aus Lemma 3.1.2 nichts abgeleitet werden Der Schlüssel hierzu liegt in der Filtereigenschaft (2.4.3). Aus dieser folgt zusammen mit Lemma 3.1.2, daß

$$(3.1.13) \qquad\qquad S_\Pi := \prod_{v=1}^{n} S_v^\infty ,$$

mit S_v^∞ aus (3.1.6), die Gleichung exakt löst. Allerdings hat der Aufwand für S_Π die Größenordnung $\mathcal{O}(k^{3/2})$ und ist damit noch weit von der angestrebten Effizienz entfernt. Die Frage ist nun, wieweit wir das Produkt in (3.1.13) ausdünnen können und immer noch eine genügend kleine Schranke für den Spektralradius des gesuchten Schemas erhalten. Dies ist nur möglich, wenn S_v^∞ nicht nur die Testfrequenz herausfiltert, sondern auch in einer ganzen Umgebung hiervon stark dämpft. Dies wird in Kapitel 4 eingehend untersucht. Das Verhalten von S_v^∞ in einer Umgebung von v wollen wir im folgenden untersuchen. Da dies vor allem für $h \to 0$ wesentlich ist, berechnen wir zunächst das asymptotische Verhalten von

$$(3.1.14) \qquad \psi_{k,\ell}^{\,v} := \kappa_{k,\ell}^{(v)} \cdot \kappa_{\ell,k}^{(v)}$$

in h.

Lemma 3.1.7:   *Asymptotische Entwicklung von $\psi_{k,\ell}^{\,v}$*

Für $h \to 0$ verhält sich $\kappa_{k,\ell}^{(v)}$ aus (3.1.8) wie

$$(3.1.15) \qquad \kappa_{k,\ell}^{(v)} = \frac{v^2 - k^2}{v^2 + \ell^2} + \mathcal{O}(h) .$$

Entsprechend verhält sich $\psi_{k,\ell}^{\,v}$ aus (3.1.15) wie

$$(3.1.16) \qquad \psi_{k,\ell}^{v} \sim \frac{v^2 - k^2}{v^2 + \ell^2} \frac{v^2 - \ell^2}{v^2 + k^2} =: \chi_v(k,\ell).$$

Beweis: Nach (3.1.3) ist

$$\vartheta_v := 2 - \cos(v\,h\,\pi) - \sqrt{(2 - \cos(v\,h\,\pi))^2 - 1} .$$

Wegen $\gamma_j = \cos(j\,h\,\pi) = 1 - \pi^2 j^2 h^2 / 2 + \mathcal{O}(h^4)$ ist $\vartheta_v = 1 - v\,\pi\,h + \mathcal{O}(h^2)$. Einsetzen in $\kappa_{k,\ell}^{(v)}$ aus (3.1.8) ergibt

$$\kappa_{k,\ell}^{v} = \frac{v^2 - k^2 + \mathcal{O}(h)}{v^2 + \ell^2 + \mathcal{O}(h)}$$

und damit die Behauptung. $\qquad\qquad\qquad\qquad\qquad\qquad\qquad\qquad$ $\square$

Die Funktion $\chi_v(k,\ell)$ ist in Abbildung 3.1.8 dargestellt.

Offensichtlich strebt $\chi_v(k,l) \to 1$ für $k,l \to \infty$ sowie für $k,l = 1$. Für $k,l \in [2,n]$ jedoch ist $|\chi_v(k,l)| \leq c < 1$, $\forall n \in \mathbb{N}$. Dies bedeutet, daß, falls S_{Π} aus (3.1.13) aus endlich vielen Faktoren besteht, kein h-unabhängiges Konvergenzverhalten vorliegt; andererseits aber auch, daß bei Verwendung einer Folge von Testfrequenzen mit

$$(3.1.17) \qquad v_1 := 1, \; v_{i+1} := [\alpha v_i], \; i \in \mathbb{N}, \; \alpha > 1,$$

wie in den in Abschnitt 2.5 angegebenen Algorithmen, der Spektralradius des Produktoperators S_{Π} unabhängig von h kleiner als 1 ist:

$$(3.1.18) \qquad \rho(S_{\Pi}) \leq \tau < 1 .$$

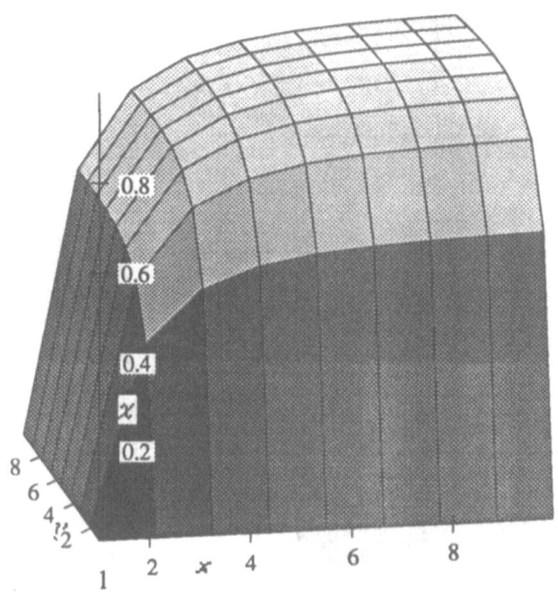

Abbildung 3.1.8a: $|\chi_\nu(x,y)|$ aus (3.1.16) für $\nu = 1$.

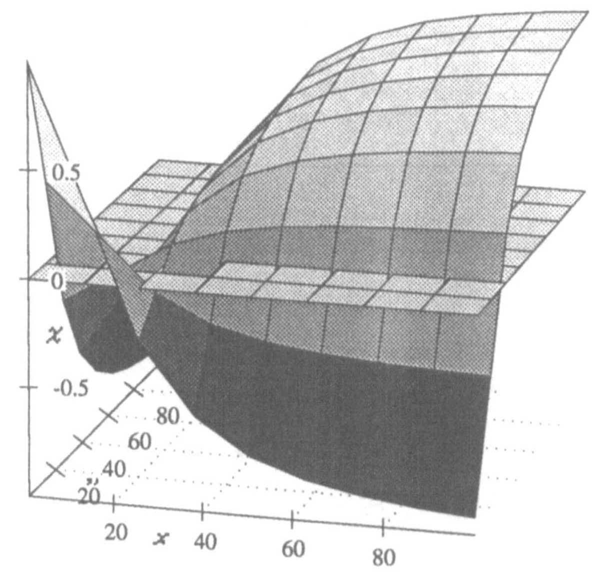

Abbildung 3.1.8b: $\chi_\nu(x,y)$ aus (3.1.16) für $\nu = 20$.

Gesucht sind nun α und τ. Hierzu betrachten wir das Produkt

(3.1.19) $$\sigma_{\alpha,\nu}(k,l) := \chi_{\nu}(k,l) \cdot \chi_{\alpha\nu}(k,l)$$

und schätzen dessen Betragsmaximum ab.

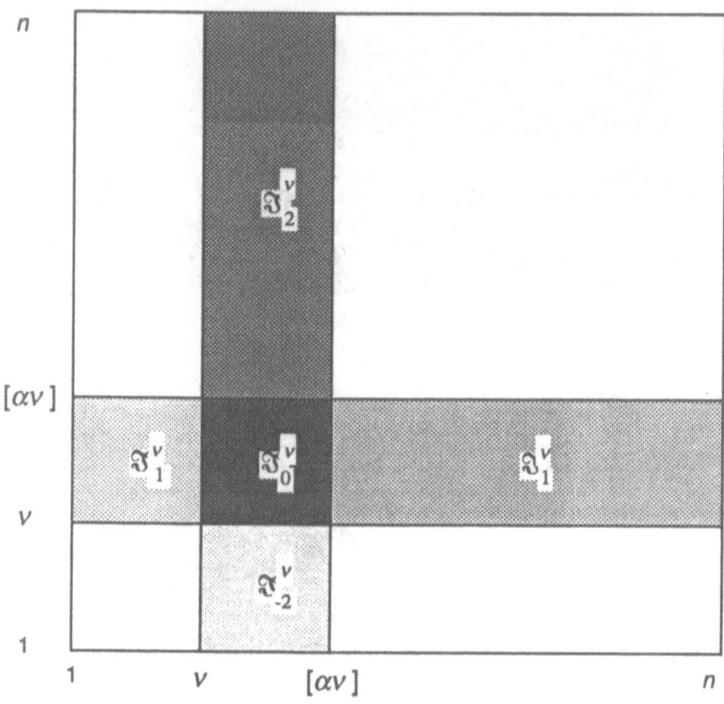

Abbildung 3.1.9: *Einteilung von* $\mathfrak{T}$ *aus* (3.1.7b).

Lemma 3.1.10:   *Schranken für* $\sigma_{\alpha,v}(k,\ell)$.

Sei wie in Abbildung 3.1.9 dargestellt

$$\mathfrak{J}_0^v \quad := [v,[\alpha v]] \times [v,[\alpha v]],$$

$$\mathfrak{J}_{-2}^v \quad := [v,[\alpha v]] \times [1,v),$$

(3.1.20) $$\mathfrak{J}_{-1}^v \quad := [1,v) \quad\times [v,[\alpha v]],$$

$$\mathfrak{J}_1^v \quad := [[\alpha v],\infty) \times [v,[\alpha v]],$$

$$\mathfrak{J}_2^v \quad := [v,[\alpha v]] \times [[\alpha v],\infty).$$

$|\sigma_{\alpha,v}(k,\ell)|$ *genügt den Schranken*

$$(3.1.21) \qquad |\sigma_{\alpha,v}(k,\ell)| \le \begin{cases} \left(\frac{\alpha-1}{\alpha+1}\right)^4 & \text{für } (k,\ell) \in \mathfrak{J}_0^v \\ \left(\frac{\alpha-1}{\alpha+1}\right)^2 & \text{für } (k,\ell) \in \mathfrak{J}_{-2}^v \cup \mathfrak{J}_{-1}^v \cup \mathfrak{J}_1^v \cup \mathfrak{J}_2^v \end{cases}.$$

Beweis: Aus Symmetriegründen ist

$$\max_{\mathfrak{J}_i^v} |\sigma_{\alpha,v}(k,\ell)| = \max_{\mathfrak{J}_j^v} |\sigma_{\alpha,v}(k,\ell)|, \quad \text{für } (i,j) \in \{(1,2),(-1,-2)\}.$$

Es gilt

$$\frac{\partial \sigma_{\alpha,v}(x,y)}{\partial x} = \frac{4v^2 x\,(\alpha^2+1)(v^2-y^2)(\alpha^2 v^2-y^2)(x^4-\alpha^2 v^4)}{(x^2+v^2)^2(y^2+v^2)(x^2+\alpha^2 v^2)^2(y^2+\alpha^2 v^2)},$$

$$\frac{\partial \sigma_{\alpha,v}(x,y)}{\partial y} \quad \text{entsprechend.}$$

Hieraus läßt sich ableiten, daß gilt:

(−) In $\mathfrak{J}_0^v$ hat $|\sigma_{\alpha,v}(x,y)|$ ein Maximum für $x_1 = y_1 = \sqrt{\alpha}\, v$. Es ist $\sigma_{\alpha,v}(x_1,y_1) = ((\alpha-1)/(\alpha+1))^4$.

(−) In $\mathfrak{J}_{-2}^v$ ist $|\sigma_{\alpha,v}(x,y)|$ maximal für $x_1 = \sqrt{\alpha}\, v$, während σ in y wächst. Somit gilt für $x,y \in \mathfrak{J}_{-2}^v$:

$$|\sigma_{\alpha,v}(x,y)| \leq |\sigma_{\alpha,v}(x_1,1)|$$

$$= \left| \frac{(v^2-1)(1-v^2\alpha^2)(\alpha-1)^2}{(v^2+1)(1+v^2\alpha^2)(\alpha+1)^2} \right|$$

$$\leq \left(\frac{\alpha-1}{\alpha+1} \right)^2 .$$

(–) In $\mathfrak{I}_1^v$ ist $|\sigma_{\alpha,v}(x,y)|$ maximal in $y = \sqrt{\alpha}\, v$ und σ wächst in x. Damit gilt für $(x,y) \in \mathfrak{I}_1^v$:

$$|\sigma_{\alpha,v}(x,y)| \leq \lim_{x \to \infty} |\sigma_{\alpha,v}(x,y_1)| \leq \left(\frac{\alpha-1}{\alpha+1} \right)^2 . \qquad \square$$

Wählen wir die v_i gemäß (3.1.17), so ergibt sich aus Lemma 3.1.10

Satz 3.1.11:   *Abschätzung für $\rho(S_\Pi)$.*

Sei die Folge von Testfrequenzen v_i nach (3.1.17) gewählt. Dann ist der Spektralradius von

$$(3.1.22a) \qquad\qquad S_\Pi := \prod_{i=1}^{\kappa} S_{v_i} ,$$

mit

$$(3.1.22b) \qquad\qquad \kappa := \left[{}_\alpha\!\log n \right] ,$$

beschränkt durch

$$(3.1.23) \qquad\qquad \rho(S_\Pi) < \left(\frac{\alpha-1}{\alpha+1} \right)^4 .$$

Beweis: Es ist

$$\rho(S_\Pi) = \prod_{i=1}^{\kappa} \left| \frac{(v_i^2-k^2)(v_i^2-\ell^2)}{(v_i^2+\ell^2)(v_i^2+k^2)} \right| , \qquad (k,\ell) \in [1,\infty) \times [1,\infty).$$

Nach Konstruktion der v_i existiert zu $k,\ell \in [1,n]$ ein Paar (i,j), $1 \leq i,j \leq \kappa$ derart, daß gilt: Entweder ist $(k,\ell) \in \mathfrak{I}_1^{v_j} \cap \mathfrak{I}_2^{v_i}$ oder es ist $(k,\ell) \in \mathfrak{I}_2^{v_j} \cap \mathfrak{I}_1^{v_i}$. Aus Lemma 3.1.9

folgt somit die Behauptung. $\qquad\square$

Praktisch bedeutet dies die schrittweitenunabhängige Konvergenz von S_Π. Allerdings braucht S_Π eine logarithmische Anzahl von Komponenten, die jeweils den Aufwand $\mathcal{O}(k)$ erfordern. Insgesamt ist daher der Aufwand, um mit S_Π das genannte Problem zu lösen $\mathcal{O}(k\ _\alpha\!\log n)$ entsprechend $\mathcal{O}(k\cdot\ _\alpha\!\log(k))$.

Abschätzung (3.1.23) läßt sich zur Bestimmung optimaler Werte von α verwenden. Als Kriterium verwenden wir hierbei die Minimierung des Aufwandes, der zur Reduktion des Fehlers um den Faktor $1/e$ nötig ist.

$$(3.1.24)\qquad\qquad \min_{\alpha\,>\,1} E(\alpha)\,,$$

wobei

$$E(\alpha) := -\frac{\text{Aufwand für einen Schritt } S_\Pi}{\ln(\text{Konvergenzrate})}\cdot\frac{1}{\ln n}$$

$$= -\frac{_\alpha\log n\cdot C}{\ln(\rho(S_\Pi))\,\ln n} = -\frac{C}{\ln\alpha\ \ln(\rho(S_\Pi))}.$$

Einsetzen der Abschätzung für $\rho(S_\Pi)$ aus Lemma 3.1.10 ergibt

$$(3.1.25)\qquad\qquad E(\alpha) = -\frac{C}{4\,\ln\alpha\ \ln\!\left(\frac{\alpha-1}{\alpha+1}\right)}.$$

Minimal wird dies für $\alpha = 1 + \sqrt{2}$ wie auch aus Abbildung 3.1.12 deutlich wird.

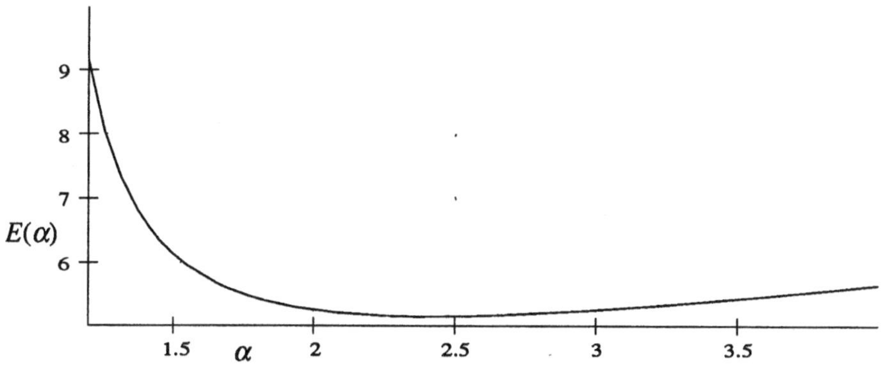

Abbildung 3.1.12: Verlauf von $E(\alpha)$ aus (3.1.25) für $C = 1$.

Nun haben wir bei der Konstruktion von Abschätzung (3.1.23) im Beweis von Lemma 3.1.11 von dem dort angegebenen Produkt von $\ln(n)$ Faktoren nur zwei berücksichtigt und die anderen durch 1 nach oben abgeschätzt. Dies verschlechtert unsere Abschätzung deutlich. Verfeinern wir diese Abschätzung nämlich, so erhalten wir

$$(3.1.26) \qquad \rho\,(S_\Pi) \leq \left(\frac{\alpha-1}{\alpha+1}\right)^4 \cdot \prod_{i=2}^{\kappa}\left(\frac{\alpha^{\,i}-1}{\alpha^{\,i}+1}\right)^2,$$

und damit

$$E\,(\alpha) = -\frac{C}{2\cdot\ln\alpha\,\cdot\,\ln\left(\left(\frac{\alpha-1}{\alpha+1}\right)^2\cdot\prod_{i=2}^{\kappa}\left(\frac{\alpha^{i}-1}{\alpha^{i}+1}\right)\right)}\;.$$

Für $n \to \infty$ strebt das optimale α, für das $E(\alpha)$ minimal wird, gegen 1. Allerdings ist der Abfall von $E(\alpha)$ für $\alpha \leq 2$ nicht groß. Daher ist die Wahl $\alpha{=}2$ nicht ungünstig. In Kapitel 5 werden wir Ergebnisse numerischer Tests hierzu erörtern.

3.2. Das Tridiagonalschema

Entsprechend der Analyse des Diagonalschemas in Abschnitt 3.1 führen wir hier eine Analyse des Tridiagonalschemas für Modellproblem (2.1.12) durch. Diese ist zwar in den Grundzügen parallel zu Abschnitt 3.1, bringt jedoch zusätzlichen Einblick in das Verhalten dieses Schemas, das sich nicht unerheblich von dem des Diagonalschemas unterscheidet. Gegenüber dem in Kapitel 4 folgenden Konvergenzbeweis soll die Modellanalyse einen anschaulichen Eindruck dieses neuen Verfahrens liefern. Deshalb ist sie hier aufgenommen. Zunächst jedoch zur Rekursion.

3.2.1 Die Rekursion

Im folgenden untersuchen wir Matrizen K[1] der Gestalt (2.2.1) mit

$$(3.2.1a) \qquad D_i = [-b \quad a \quad -b], \; a > 2b > 0,$$

$$(3.2.1b) \qquad L_i = -r \cdot I, \; 0 < r \le (a-2b)/2.$$

In Kapitel 4 wird die Rekursion für einen Neunpunktstern ausführlich behandelt. Wir greifen im folgenden auf die dortigen Ergebnisse zurück. Lemma 3.2.1 gibt die Gestalt der Korrekturmatrizen Θ_i und deren Berechnungsvorschrift an.

Lemma 3.2.1:   *Gestalt der T_i*

Seien Testfrequenzen v_0, v_1 mit $1 \le v_0$, $v_1 \le n$ vorgegeben und die zugehörigen Testvektoren nach (2.2.6) gewählt. Weiter habe K die Form (2.2.1) mit L_i und D_i aus (3.2.1). Dann haben die T_i aus (2.3.2) konstante Einträge

$$(3.2.2a) \qquad T_i = [-t_{1,i} \quad t_{0,i} \quad -t_{1,i}], \quad i = 1,\ldots,m,$$

mit

$$(3.2.2b) \qquad t_{1,i} = b + \vartheta_{1,i},$$

$$(3.2.2c) \qquad t_{0,i} = a - \vartheta_{0,i}.$$

Hierbei sind

$$(3.2.3a) \quad \vartheta_{1,i} = \begin{cases} 0 & i = 1 \\ \dfrac{r^2(b + \vartheta_{1,i-1})}{(a - \vartheta_{0,i-1} - 2(b + \vartheta_{1,i-1})c_0)(a - \vartheta_{0,i-1} - 2(b + \vartheta_{1,i-1})c_1)} & i > 1 \end{cases}$$

und

$$(3.2.3b) \quad \vartheta_{0,i} = \begin{cases} 0 & i = 1 \\ \dfrac{r^2(a - \vartheta_{0,i-1} - 2(c_0 + c_1)(b + \vartheta_{1,i-1}))}{(a - \vartheta_{0,i-1} - 2(b + \vartheta_{1,i-1})c_0)(a - \vartheta_{0,i-1} - 2(b + \vartheta_{1,i-1})c_1)} & i > 1 \end{cases},$$

---

[1] Wir unterdrücken im folgenden die Skalierung mit h^{-2}. Man denke sich die Gleichung entsprechend skaliert.

wobei

(3.2.4) $$c_j = \cos(v_j \pi h), \quad j=0,1.$$

Entsprechend sind die Θ_i aus (2.3.2) gegeben durch

(3.2.5) $$\Theta_i = [\ \vartheta_{1,i} \quad \vartheta_{0,i} \quad \vartheta_{1,i}\ ] \ .$$

Beweis: Folgt direkt aus Lemma 4.2.2 angewandt auf K aus (3.2.1)   ❏

In Lemma 3.1.1 zeigten wir die Konvergenz der Koeffizienten für das Diagonalschema. Dies war aufgrund der einfachen Monotonieverhältnisse leicht auszuführen. Der entsprechende Beweis ist hier nun wesentlich komplexer. Er ist in Abschnitt 4.2.1 in allgemeinerem Rahmen ausgeführt. Gestützt auf die dortigen Ergebnisse, geben wir hier nur die Eigenschaften des Fixpunktes der Rekursion (3.2.3) an.

Lemma 3.2.2:   *Fixpunkt der Rekursion (3.2.3).*

Rekursion (3.2.3) hat den Fixpunkt $(\vartheta_0, \vartheta_1)$ mit

(3.2.6a) $$\vartheta_1 = -\frac{b}{2} + \frac{\sqrt{(2bc_0 - a)^2 - 4r^2} - \sqrt{(2bc_1 - a)^2 - 4r^2}}{4(c_1 - c_0)},$$

(3.2.6b) $$\vartheta_0 = \frac{a}{2} - \frac{c_1\sqrt{(2bc_0 - a)^2 - 4r^2} - c_0\sqrt{(2bc_1 - a)^2 - 4r^2}}{2(c_1 - c_0)}.$$

Beweis: Folgt aus Lemma 4.2.7.   ❏

In den Abbildungen 3.2.3a und b zeigen wir das Konvergenzverhalten von Rekursion (3.2.3). Man sieht deutlich, daß die Konvergenz für höhere Testfrequenzen (Glätter) recht schnell ist, im Falle niederer Testfrequenzen die $\vartheta_{j,i}$ jedoch langsam immer weiter wachsen. Dies schlägt sich natürlich auch im Fixpunkt $(\vartheta_0, \vartheta_1)$ aus (3.2.6) nieder, wie im folgenden Lemma erläutert.

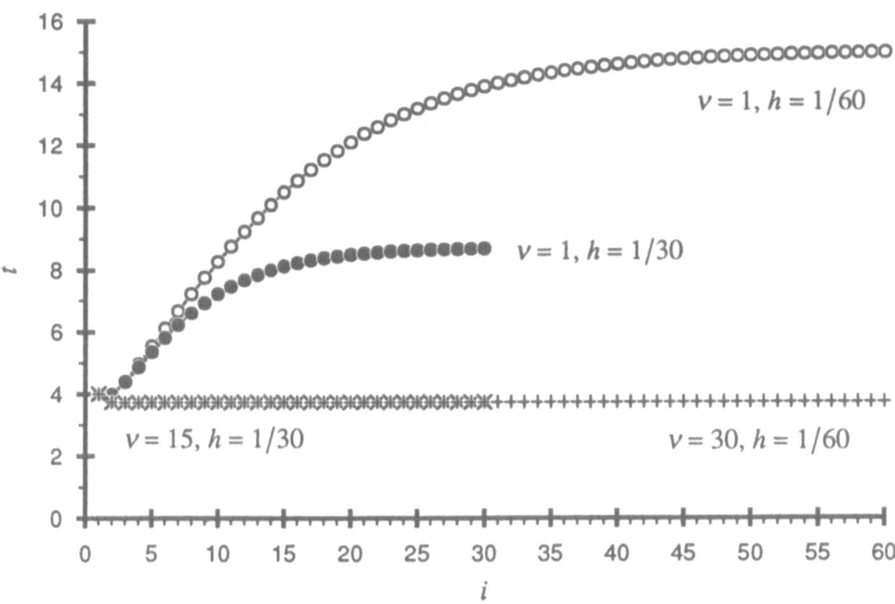

Abbildung 3.2.3 a: *Konvergenz der $t_{0,i}$ aus Rekursion (3.2.2, 3) in Abhängigkeit von i für verschiedene Werte von h und $v=v_0$, $v_1 = v+1$.*

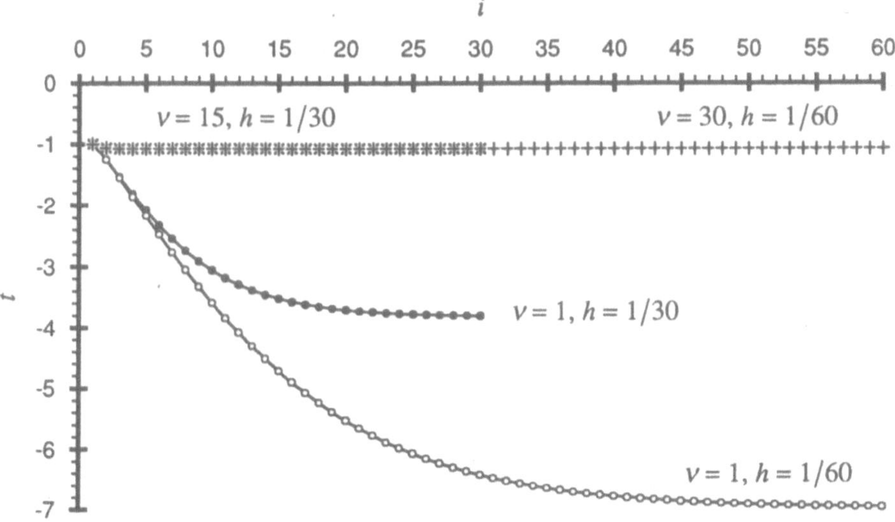

Abbildung 3.2.3b: *Konvergenz der $t_{1,i}$ aus Rekursion (3.2.2) in Abhängigkeit von i für verschiedene Werte von h und $v=v_0$, $v_1 = v+1$.*

Lemma 3.2.4:   *Eigenschaften des Fixpunktes.*

Der in (3.2.6) angegebene Fixpunkt $(\vartheta_0, \vartheta_1)$ von Rekursion (3.1.3) genügt folgenden Beziehungen

$$(3.2.7) \qquad\qquad \vartheta_1 > 0 \, ,$$

Im Fall

$$(3.2.8) \qquad\qquad a = 4, \ b = r = 1$$

und

$$(3.2.9) \qquad\qquad v_0 = v, \ v_1 = v + 1$$

verhalten sich ϑ_0 und ϑ_1 wie

$$(3.2.10a) \qquad \vartheta_0 = -\frac{2}{2v+1}(\pi h)^{-1} + 2 - \frac{1}{6}\frac{11v^2 + 11v + 2}{2v+1}\pi h + \mathcal{O}\left(h^3\right)$$

und

$$(3.2.10b) \qquad \vartheta_1 = \frac{1}{2v+1}(\pi h)^{-1} - \frac{1}{2} + \frac{1}{12}\frac{5v^2 + 5v + 2}{2v+1}\pi h + \mathcal{O}\left(h^3\right) .$$

Beweis: Aus (4.2.15') ergibt sich (3.2.7); (3.2.10a,b) folgt analog zu (4.2.31a,b). In den Abbildungen 3.2.5a und b sind ϑ_0 und ϑ_1 aus (3.2.6a,b) für $h=1/1000$ abgebildet. Der Verlauf der Kurven bestätigt (3.2.10a,b).

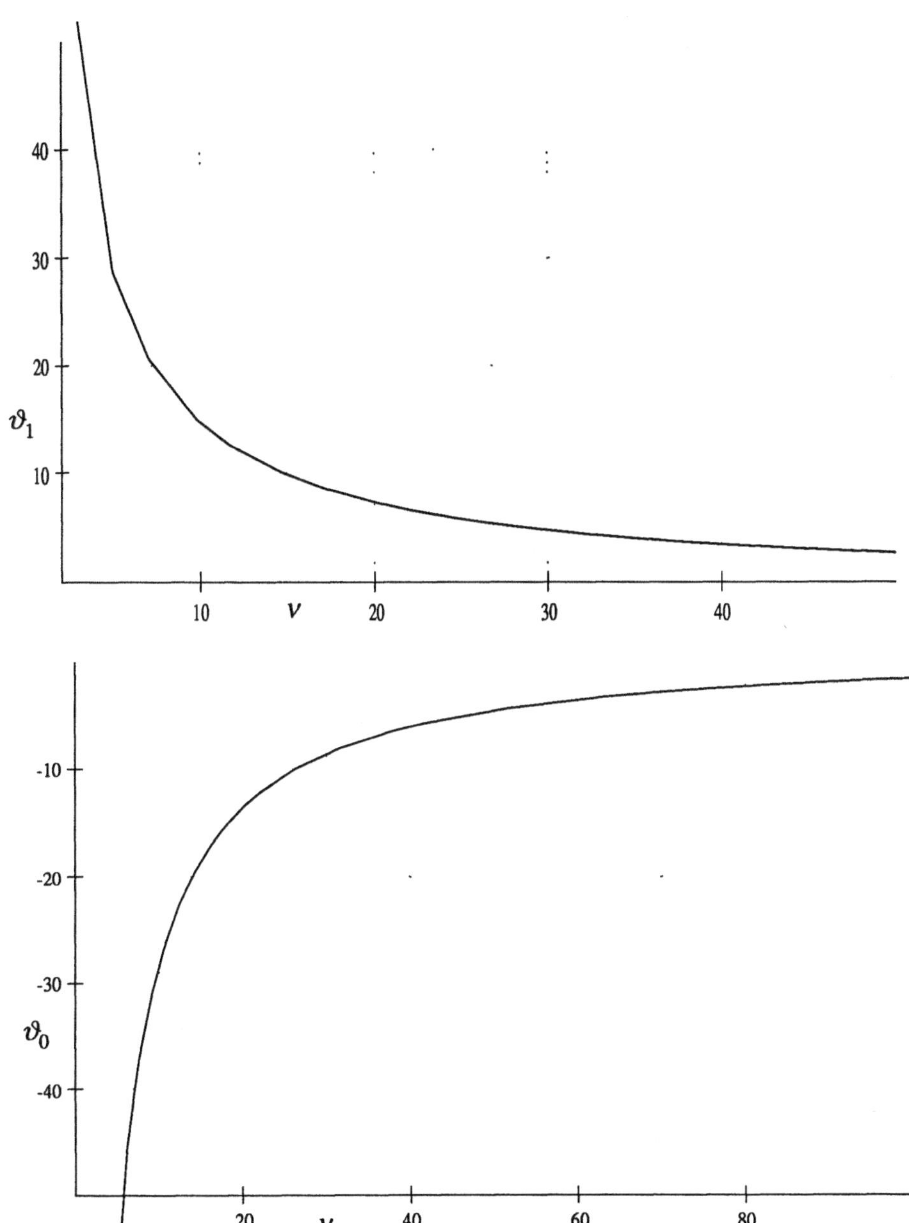

Abbildung 3.2.5a,b: *Die Komponenten des Fixpunktes* $(\vartheta_0,\vartheta_1)$ *aus* (3.2.6a,b) *für* $h=10^{-3}$ in Abhängigkeit von $v_0 = v$, $v_1 = v_0+1$.

3.2.2 Modellproblemanalyse

Wie in Abschnitt 3.1.2 ersetzen wir M aus (2.1.6) durch M_ν^∞, was wie in (3.1.5a) die Gestalt hat

$$(3.2.11a) \qquad M_\nu^\infty = \begin{pmatrix} T_\nu + T_\nu^{-1} & -I \\ -I & T_\nu + T_\nu^{-1} & -I \\ & \ddots & \ddots & \ddots \\ & & -I & T_\nu + T_\nu^{-1} & -I \\ & & & -I & T_\nu + T_\nu^{-1} \end{pmatrix}$$

mit

$$(3.2.11b) \qquad T_\nu = [\,-t_1 \quad t_0 \quad -t_1\,],$$

$$(3.2.11c) \qquad t_0 := a - \vartheta_0\,, t_1 := b + \vartheta_1,$$

mit ϑ_0, ϑ_1 aus (3.2.6) gewählt. Zunächst zur Definitheit von M_ν^∞.

Lemma 3.2.6: *Positive Definitheit von M_ν^∞.*

M_ν^∞ aus (3.2.11) ist positiv definit.

Beweis: Folgt aus Lemma 4.2.13.   ❏

Die Eigenwerte und Eigenvektoren des entsprechenden Iterationsoperators lassen sich unmittelbar angeben.

Lemma 3.2.7: *Eigenwerte von $M_{1,\nu}^\infty$.*

Der zu $FF_{1,\nu}^\infty$ gehörende Iterationsoperator

$$(3.2.12) \qquad S_{1,\nu}^\infty = I - (M_{1,\nu}^\infty)^{-1} K$$

mit $M_{1,\nu}^\infty$ aus (3.2.11) hat die Eigenvektoren $\mathfrak{m}_{k,\ell}(x_h,y_h)$ aus (3.1.7a). Die zugehö-

rigen Eigenwerte lauten

$$(3.2.13) \qquad \kappa_{k,\ell}^{(\nu)} := \frac{(t_{0,\nu} - 2t_{1,\nu}\gamma_k)^2 - 2\left(\frac{a}{2} - b\gamma_k\right)(t_{0,\nu} - 2t_{1,\nu}\gamma_k) + 1}{(t_{0,\nu} - 2t_{1,\nu}\gamma_k)^2 - 2r(t_{0,\nu} - 2t_{1,\nu}\gamma_k)\gamma_\ell + 1}$$

mit $t_{0,\nu}$, $t_{1,\nu}$ *aus* (3.2.11c) *und* γ_k *aus* (3.1.8c).

Beweis: Durch Einsetzen. $\qquad\qquad\qquad\qquad\qquad\qquad\qquad\qquad\qquad\qquad$ ❏

In den Abbildungen 3.2.8a und b zeigen wir

$$(3.2.14)\quad f_\nu(\xi,\zeta) = \frac{(t_{0,\nu} - 2t_{1,\nu}\xi)^2 - 2\left(\frac{a}{2} - b\xi\right)(t_{0,\nu} - 2t_{1,\nu}\xi) + 1}{(t_{0,\nu} - 2t_{1,\nu}\xi)^2 - 2r(t_{0,\nu} - 2t_{1,\nu}\xi)\zeta + 1}$$

für $h = 10^{-3}$ und $\nu = 1$ bzw. $\nu = 250$. Abbildung 3.2.8a legt nahe, daß $|f_\nu(\xi,\zeta)| < 1$, im
Gegensatz zum Diagonalschema in Kapitel 3, wo die entsprechende Funktion eine Sin-

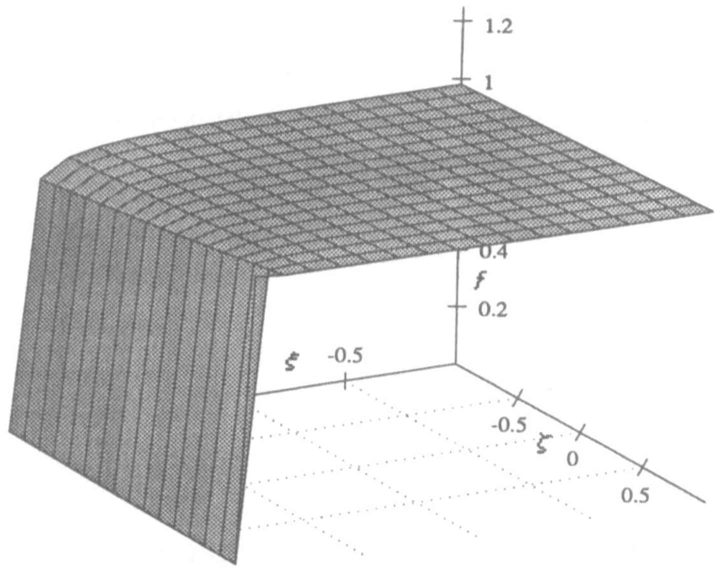

Abbildung 3.2.8 a: $f_\nu(\xi,\zeta)$ *aus* (3.2.14) *mit* $a = 4$, $b = r = 1$, $\nu_1 = \nu_0 + 1$,
$h = 10^{-3}$, $\nu_0 = 1$.

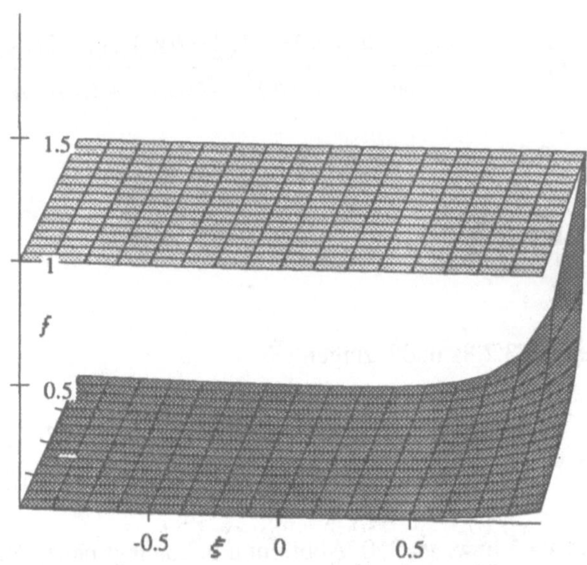

Abbildung 3.2.8 b: $f_v(\xi,\zeta)$ *aus* (3.2.14) *mit* $a=4$, $b=r=1$, $v_1=v_0+1$,
$h=10^{-3}$, $v_0 = 250$ *(dunkelgrau)*.

gularität aufwies, die erst durch einen geeigneten Trick behoben werden mußte. Im folgenden zeigen wir einen entsprechenden Satz.

Satz 3.2.9:   *Konvergenz von* $FF_{1,v}^{\infty}$.

Seien a, b, r und v_2 wie in (3.2.8,9) gewählt. Der zu $FF_{1,v}^{\infty}$ gehörende Iterationsoperator $S_{1,v}^{\infty}$ aus (3.2.12) erfüllt

$$(3.2.15) \qquad\qquad \rho(S_{1,v}^{\infty}) < 1.$$

Somit konvergiert $S_{1,v}^{\infty}$.

Beweis: Sei $\lambda \in \sigma(S_{1,v}^{\infty})$. Gemäß Lemma 3.2.6 ist $\lambda < 1$. Andererseits verschwindet $\kappa_{k,\ell}^{(v)}$ nach Konstruktion für $\gamma_k \in \{c_0, c_1\}$. Wegen $t_1 - b = \vartheta_1 > 0$ ist der Zähler von $\kappa_{k,\ell}^{(v)}$ für große γ_k positiv. Somit ist $\kappa_{k,\ell}^{(v)} \geq 0$ für $\gamma_k \geq c_0$ und $\gamma_k \leq c_1$ und wegen $v_1 = v_0 + 1$ gilt $\lambda \geq 0$, was die Behauptung beweist. $\square$

Zunächst untersuchen wir das asymptotische Verhalten der Eigenwerte aus (3.2.13).

Lemma 3.2.10:   *Asymptotisches Verhalten der Eigenwerte.*

Für $h \to 0$ verhalten sich die $\kappa_{k,\ell}^{(v)}$ aus (3.2.13) wie

$$(3.2.16a) \qquad \kappa_{k,\ell}^{(v)} := \kappa_{k,\ell}^{(v,\infty)} + \mathcal{O}(h),$$

wobei

$$(3.2.16b) \qquad \kappa_{k,\ell}^{(v,\infty)} := \frac{((v+1)^2 - k^2)(v^2 - k^2)}{v^4 + 2v^3 + (2k^2+1)v^2 + k^4 + 2vk^2 + (2v+1)^2 \ell^2}.$$

Beweis: Gemäß Lemma 3.2.4 verhalten sich t_0 und t_1 wie

$$t_0 = 4 - \vartheta_0 = \frac{2}{2v+1}(\pi h)^{-1} + 2 + \frac{1}{6}\frac{11v^2 + 11v + 2}{2v+1}\pi h + \mathcal{O}\left(h^3\right)$$

und

$$t_1 = 1 + \vartheta_1 = \frac{1}{2v+1}(\pi h)^{-1} + \frac{1}{2} + \frac{1}{12}\frac{5v^2 + 5v + 2}{2v+1}\pi h + \mathcal{O}\left(h^3\right).$$

Dies führt zusammen mit

$$\gamma_k = 1 - \pi^2 k^2/2 \cdot h^2 + \mathcal{O}(h^4)$$

auf

$$t_0 - 2t_1\gamma_k = 1 + \frac{v^2 + v + k^2}{2v+1}\pi h + \frac{1}{2}k^2\pi^2 h^2 + \mathcal{O}\left(h^3\right).$$

Einsetzen hiervon in (3.2.13) ergibt

$$\begin{aligned}
\kappa_{k,\ell}^{(v)} = &\left(\left(1 + \frac{v^2+v+k^2}{2v+1}\pi h + \frac{k^2\pi^2 h^2}{2} + \mathcal{O}\left(h^3\right)\right)^2\right. \\
&\left. - 2\left(1 + \frac{\pi^2 k^2}{2}h^2 + \mathcal{O}\left(h^4\right)\right)\left(1 + \frac{v^2+v+k^2}{2v+1}\pi h + \frac{k^2\pi^2 h^2}{2} + \mathcal{O}\left(h^3\right)\right) + 1\right) \\
&\cdot\left(\left(1 + \frac{v^2+v+k^2}{2v+1}\pi h + \frac{k^2\pi^2 h^2}{2} + \mathcal{O}\left(h^3\right)\right)^2\right. \\
&\left. - 2\left(1 - \frac{\pi^2 \ell^2}{2}h^2 + \mathcal{O}\left(h^4\right)\right)\left(1 + \frac{v^2+v+k^2}{2v+1}\pi h + \frac{k^2\pi^2 h^2}{2} + \mathcal{O}\left(h^3\right)\right) + 1\right)^{-1}.
\end{aligned}$$

Ausmultiplizieren und Zusammenfassen führt auf

$$\kappa_{k,\ell}^{(v)} = \frac{v^4 + 2v^3 + (2k^2+1)v^2 + k^4 - (4v^2+2v+1)k^2}{v^4 + 2v^3 + (2k^2+1)v^2 + k^4 + 2vk^2 + (2v+1)^2 \ell^2} + \ \mathcal{O}(h)$$

$$= \frac{((v+1)^2 - k^2)(v^2 - k^2)}{v^4 + 2v^3 + (2k^2+1)v^2 + k^4 + 2vk^2 + (2v+1)^2 \ell^2} + \mathcal{O}(h). \quad \square$$

Hiermit können wir nun zeigen, daß das auf $FF_{1,v}^{\infty}$ aufbauende Iterationsverfahren konvergiert.

Die Abbildungen 3.2.11a–d zeigen $\kappa_{k,\ell}^{(v,\infty)}$ aus (3.2.16b) für $h = 10^{-3}$ und $v{=}1$ bzw. $v = 250$. Wie schon aus den Abbildungen 3.1.8a und 3.1.8b wird auch hier deutlich, daß $FF_{p=1,v}^{\infty}$ außer den konstruktionsgemäß auf null gedämpften Testfrequenzen v und $v{+}1$ auch alle in der Nähe liegenden Werte stark dämpft.

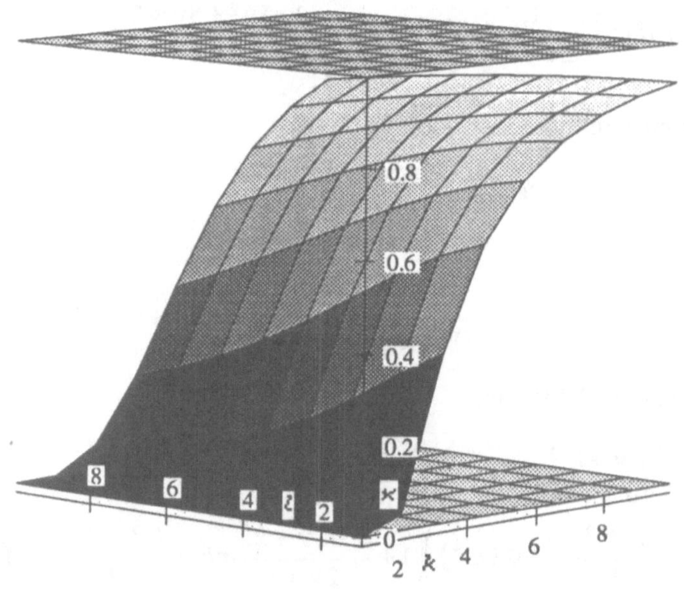

Abbildung 3.2.11a: $\kappa_{k,\ell}^{(v,\infty)}$ *aus* (3.2.16b) *für* a, b, r *und* v_1 *aus* (3.2.8/9) *und* $v = 1.$ *Zur besseren Orientierung sind Referenzflächen bei* $\kappa = 0$ *und* $\kappa = 1$ *angegeben.*

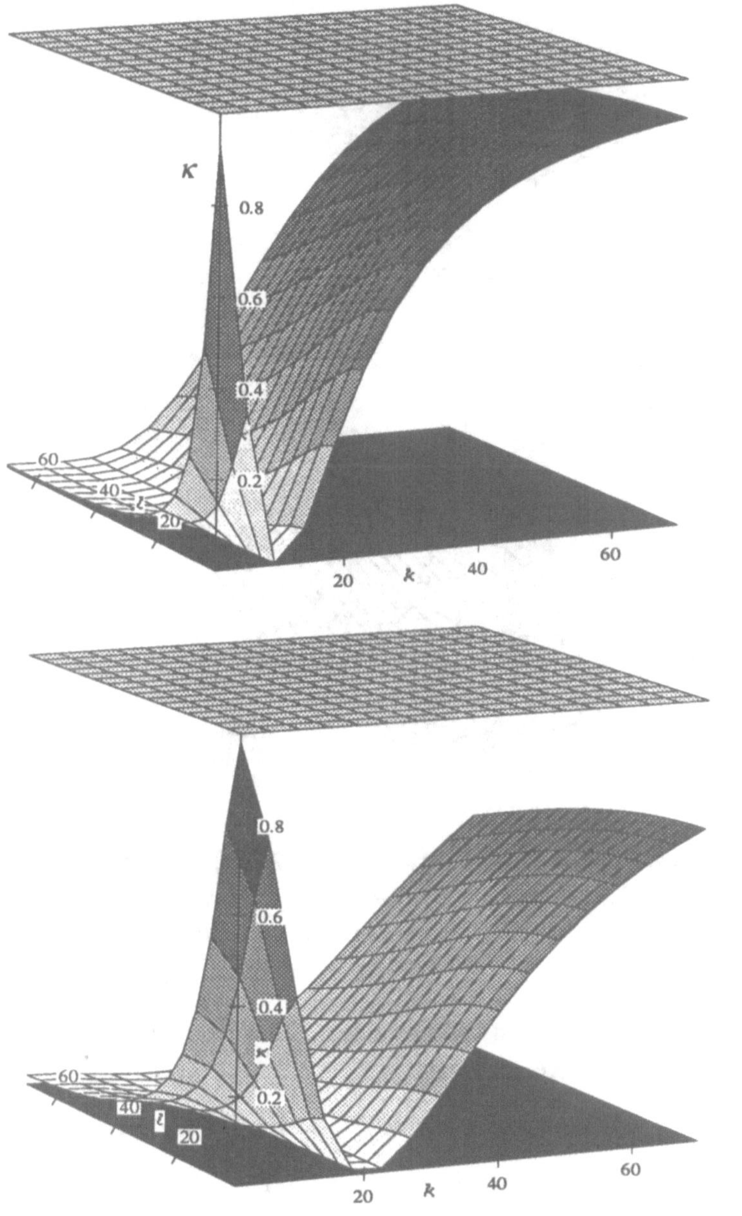

Abbildung 3.2.11b/c: $\kappa_{k,\ell}^{(\nu,\infty)}$ *aus* (3.2.16b) *für a, b, r und* ν_1 *aus* (3.2.8/9) *und* $\nu = 10$ *(Bild oben),* $\nu=20$ *(Bild unten). Zur besseren Orientierung sind Referenzflächen bei* $\kappa=0$ *und* $\kappa = 1$ *angegeben.*

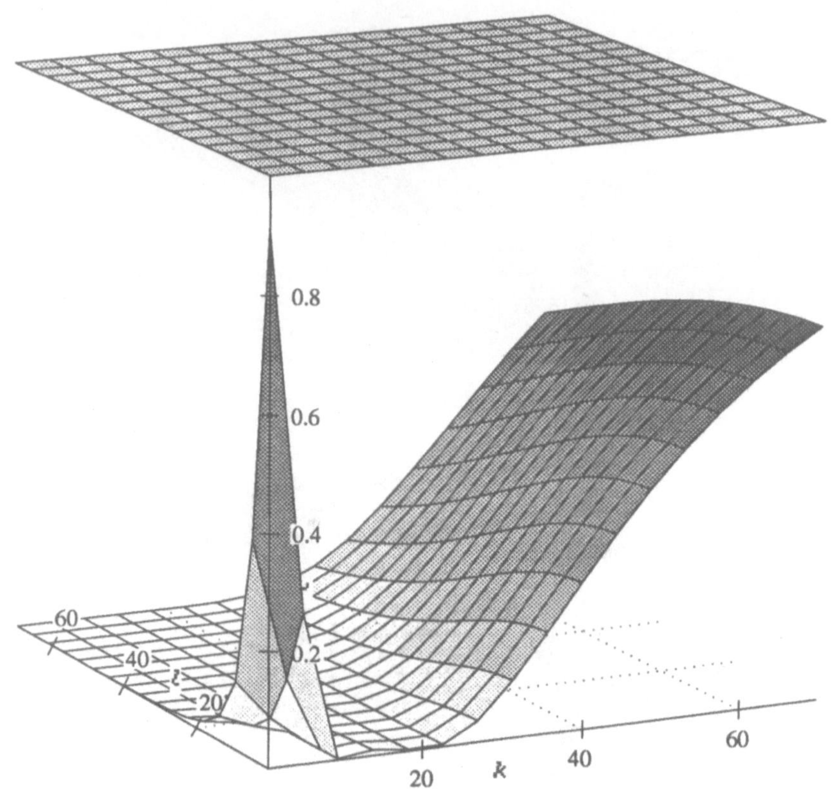

Abbildung 3.2.11d: $\kappa_{k,\ell}^{(v,\infty)}\kappa_{k,\ell}^{(\varrho v,\infty)}$ *aus (3.2.16b) für a, b, r und* v_1 *aus (3.2.8/9) und* $v = 10$*. Zur besseren Orientierung sind Referenzflächen bei* $\kappa = 0$ *und* $\kappa = 1$ *angegeben.*

Dies gibt wieder Anlaß zur Konstruktion eines Glätter-Korrektor Verfahrens mit logarithmisch gestaffelten Testfrequenzen

$$(3.2.17a) \qquad v_0^{(1)} := 1, \; v_0^{(2)} := 3, \; v_0^{(i+1)} := \left[\alpha v_0^{(i)}\right] \text{ für } i \geq 2,$$

$$(3.2.17b) \qquad v_1^{(i)} := v_1^{(i)} + 1, \; i \geq 1.$$

Der folgende Satz gibt eine einfache Abschätzung für die Konvergenzrate dieses $GKFF_{p=1,\alpha}$-Verfahrens an.

Satz 3.2.12: *Konvergenzrate des $GKFF_{p=1,\alpha}$-Verfahrens.*

Sei

$$(3.2.18) \qquad\qquad S_{1,\Pi}^{\infty} := \prod_{i=1}^{\kappa} S_{1,v^{(i)}}^{\infty}$$

mit $v^{(i)}$ aus (3.2.17) und $S_{1,v^{(i)}}^{\infty}$ aus (3.2.12). Dann gilt

$$(3.2.19) \qquad\qquad \rho(S_{1,\Pi}^{\infty}) < \left(\frac{\alpha^2-1}{\alpha^2+1}\right)^4 .$$

Beweis: Es ist

$$0 < \kappa_{k=\alpha v,\ell}^{(v)}$$
$$\leq \kappa_{k=\alpha v,\ell=1}^{(v)} = \frac{(\alpha^2-1)^2 v^4}{(\alpha^2+1)^2 v^4 + 2(\alpha^2+1)v^3 + 5v^2 + 4v + 1}$$
$$< \left(\frac{\alpha^2-1}{\alpha^2+1}\right)^2$$

und

$$0 < \kappa_{k=\frac{v}{\alpha},\ell}^{(v)}$$
$$\leq \kappa_{k=\frac{v}{\alpha},\ell=1}^{(v)} = \frac{(\alpha^2-1)((\alpha^2-1)v^2 + 2\alpha^2 v + \alpha^2)v^2}{(\alpha^2+1)^2 v^4 + 2\alpha^2(\alpha^2+1)v^3 + (5v^2 + 4v + 1)\alpha^4}$$
$$< \left(\frac{\alpha^2-1}{\alpha^2+1}\right)^2 \quad \forall\, \ell > 1.$$

Es ist nun

$$0 < \prod_{i=1}^{\infty} \kappa_{k,\ell}^{(v^{(i)})} < \kappa_{k,\ell}^{(v^{(\mu)})} \cdot \kappa_{k,\ell}^{(v^{(\mu+1)})} < \left(\frac{\alpha^2-1}{\alpha^2+1}\right)^4$$

mit μ derart, daß $v_1^{(\mu)} \leq k \leq v_1^{(\mu+1)}$. $\qquad\qquad\square$

Abschätzung (3.2.19) ist deutlich schwächer als (3.1.23), die entsprechende Schranke im diagonalen Fall. Dies hat seinen Grund darin, daß aufgrund der einfachen Gestalt von

$\kappa_{k,\ell}^{(\nu)}$ für $h \to 0$ in (3.1.15) die Abschätzung beim diagonalen Schema erheblich genauer über die Bestimmung des Maximums des gesamten Produkts $\kappa_{k,\ell}^{(\nu)} \cdot \kappa_{k,\ell}^{(\nu+1)}$ für $\nu^{(i)} \leq \nu \leq \nu^{(i+1)}$ möglich war. Hier ist ein solches Vorgehen nicht mehr praktikabel, da allein die Angabe der entsprechenden Ableitung und ihrer Nullstellen den Umfang der vorliegenden Arbeit nicht unerheblich erweitern würde. Graphisch findet man für die Konvergenzrate asymptotisch die Schranke aus (3.1.23), wie in Abbildung 3.2.13 gezeigt.

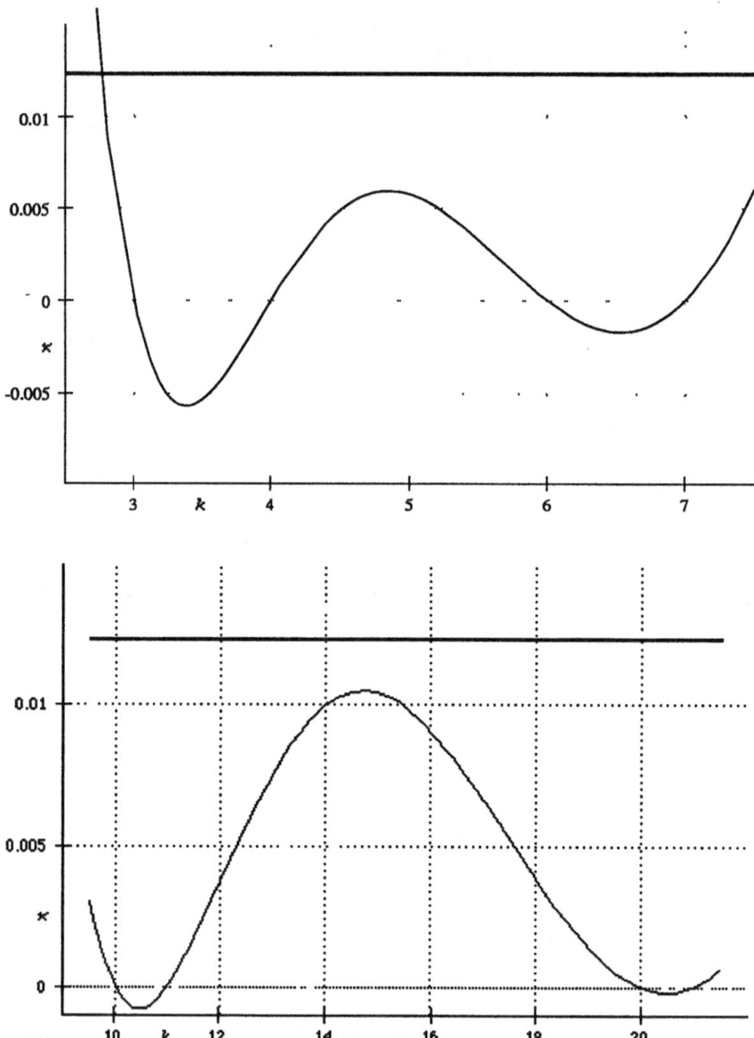

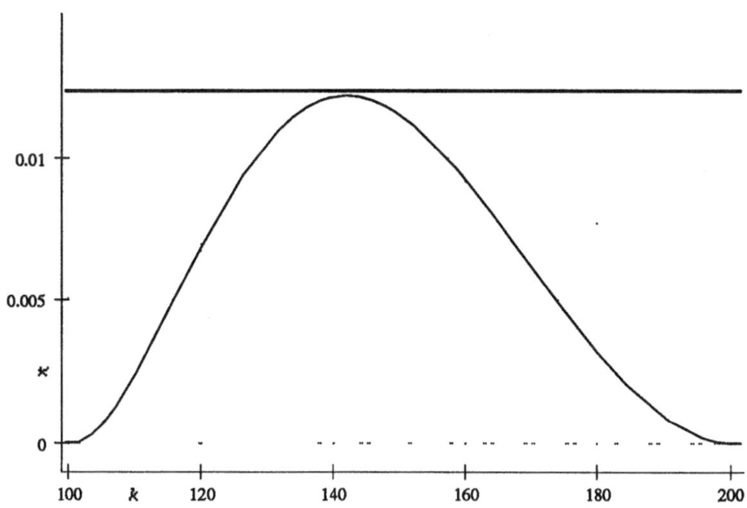

Abbildung 3.2.13: *Graphische Bestimmung einer Schranke für $\kappa_{k,\ell}^{(v)}\cdot\kappa_{k,\ell}^{(v+1)}$ im Bereich $v+1 < k < \alpha v$, $\alpha = 2$, $v = 3$ (oberes Bild umseitig), $v = 10$ (unteres Bild umseitig), $v = 100$ (oben). Zusätzlich ist die Schranke $(\,(\alpha-1)/(\alpha+1)\,)^4 = 1/81$ aus (3.1.23) für das Diagonalschema als fette Linie eingetragen. Offensichtlich nähert sich das Maximum von $\kappa_{k,\ell}^{(v)}\cdot\kappa_{k,\ell}^{(v+1)}$ im angegebenen Bereich für wachsendes v dieser Schranke.*

4. Konvergenztheorie

4.1 Ein Konvergenzsatz

Nach den eingehenden Modellanalysen in Kapitel 3 wollen wir nun einen Konvergenzsatz für den in Abschnitt 2.5 angegebenen $GKFF_{p=1,\alpha}$-Algorithmus angeben. Entsprechend dem rein algebraischen Aufbau bewegen sich auch die Voraussetzungen des Konvergenzsatzes auf der algebraischen Ebene. Im folgenden führen wir zunächst einige Bezeichnungen ein.

Sei für $m,n \in \mathbb{N}$

$$(4.1.1a) \qquad \mathfrak{E}_n := \{e_1, e_2, \ldots, e_n\}$$

eine Orthonormalbasis des $\mathbb{R}^n$ und

$$(4.1.1b) \qquad \mathfrak{F}_m := \{f_1, f_2, \ldots, f_m\}$$

eine Orthonormalbasis des $\mathbb{R}^m$ bzgl. des euklidischen Skalarprodukts.

Bezeichne weiter

$$(4.1.2) \qquad \mathfrak{x} \otimes \mathfrak{y} := \begin{pmatrix} x_1 \\ x_2 \\ \vdots \\ x_m \end{pmatrix} \otimes \begin{pmatrix} y_1 \\ y_2 \\ \vdots \\ y_n \end{pmatrix} := \begin{pmatrix} x_1 y_1 \\ x_1 y_2 \\ \vdots \\ x_1 y_n \\ x_2 y_1 \\ x_2 y_2 \\ \vdots \\ x_2 y_n \\ \vdots \\ x_m y_1 \\ x_m y_2 \\ \vdots \\ x_m y_n \end{pmatrix}$$

das **Tensorprodukt** von $\mathfrak{x}$ und $\mathfrak{y}$. Dann ist

$$(4.1.3) \qquad \mathfrak{d}_{\mu,\nu} := \mathfrak{f}_\mu \otimes \mathfrak{e}_\nu$$

Orthonormalbasis von $\mathbb{R}^{m \cdot n}$. Sei im folgenden $1 \le \nu \le n$. Der zu $\mathfrak{e}_\nu$ aus (4.1.1a) gehörende Teilraum

$$(4.1.4a) \qquad \mathfrak{G}_\nu := \{ \mathfrak{v} \otimes \mathfrak{e}_\nu : \mathfrak{v} \in \mathbb{R}^m \}$$

hat die Orthonormalbasis

$$(4.1.4b) \qquad \{ \mathfrak{d}_{1,\nu} \ldots, \mathfrak{d}_{m,\nu} \}.$$

Bezeichne im folgenden $\|.\|$ die euklidische Norm bzw. die Spektralnorm. Mit

$$(4.1.5) \qquad \|A\|_{\mathfrak{G}_\nu} := \max_{\mathfrak{G}_\nu \ni \mathfrak{x} \ne 0} \frac{\|A\,\mathfrak{x}\|}{\|\mathfrak{x}\|}$$

bezeichnen wir die Norm der Matrix A auf $\mathfrak{G}_\nu$. Weiter bezeichne

$$(4.1.6) \qquad S_\nu \text{ die frequenzfilternde Zerlegung der Ordnung 1, } FF_{p=1,\nu}$$

$$\text{von } K \text{ aus (2.2.1) mit den Testvektoren } \mathfrak{e}_\nu, \mathfrak{e}_{\nu+1}$$

und

$$(4.1.7a) \qquad S_\Pi := \prod_{i=1}^{\kappa} S_{\nu^{(i)}}$$

mit $1 < \alpha$, $\kappa = \left[_\alpha\!\log n \right]$ und

$$(4.1.7b) \quad \nu^{(i)} := \begin{cases} 1 & \text{für } i = 1, \\ [\alpha\nu^{(i-1)}] & \text{für } i > 1 \text{ und } [\alpha\nu^{(i-1)}] > \nu^{(i-1)} + 1 \\ \nu^{(i-1)} + 2 & \text{sonst} \end{cases} .$$

In diesem Rahmen gilt folgender Satz.

Satz 4.1.1: *Schrittweitenunabhängige Konvergenz von GKFF.*

Für $m \ge m_0$ und $n \ge n_0$ gelte:

$$(4.1.8) \qquad \textit{Für } \mathfrak{x} \in \mathfrak{G}_\nu \textit{ ist } \mathfrak{y} := S_\mu \mathfrak{x} \in \mathfrak{G}_\nu$$

$$\textit{für } 1 \leq \nu \leq n \ \textit{ und } \ 1 \leq \mu \leq n,$$

und

(4.1.9) $$\|S_{\nu^{(i)}}\| < 1 \ , \ \textit{für } i=1,\dots,\kappa,$$

*sowie die **rechtsseitige Umgebungseigenschaft***

(4.1.10a) $$\|S_{\nu^{(i)}}\|_{\mathfrak{G}_\nu} \leq \zeta_r < 1$$

$$\textit{für alle } \ \nu \in \{\nu^{(i)}, \nu^{(i)}+1, \dots, \nu^{(i+1)}\} \ \textit{mit } \nu^{(i)} \textit{ gemäß (4.1.7b) ,}$$
$$\textit{gleichmäßig für alle m,n mit } \ m{\geq}m_0 \textit{ und } n{\geq}n_0$$

*und die **linksseitige Umgebungseigenschaft***

(4.1.10b) $$\|S_{\nu^{(i)}}\|_{\mathfrak{G}_\nu} \leq \zeta_l < 1$$

$$\textit{für alle } \ \nu \in \{\nu^{(i-1)}, \nu^{(i-1)}+1, \dots, \nu^{(i)}\} \ \textit{mit } \nu^{(i)} \textit{ gemäß (4.1.7b) ,}$$
$$\textit{gleichmäßig für alle m,n mit } \ m{\geq}m_0 \textit{ und } n{\geq}n_0$$

Dann ist die Norm von S_Π unabhängig von der Dimension des Gleichungssystems beschränkt:

(4.1.11) $$\|S_\Pi\| < \zeta_l \zeta_r < 1.$$

Beweis:

Die $\mathfrak{G}_\nu$, $1 \leq \nu \leq n$, zerlegen $\mathbb{R}^{m \cdot n}$ orthogonal:

$$\mathbb{R}^{m \cdot n} = \mathfrak{G}_1 \oplus \mathfrak{G}_2 \oplus \dots \oplus \mathfrak{G}_n.$$

Folglich hat $0 \neq \mathfrak{r} \in \mathbb{R}^{m \cdot n}$ die Darstellung

$$\mathfrak{r} = \mathfrak{r}_1 + \mathfrak{r}_2 + \dots + \mathfrak{r}_n$$

mit $\mathfrak{r}_\nu \in \mathfrak{G}_\nu$, $\nu = 1,\dots,n$.

Somit ist

$$\|S_\Pi \mathfrak{r}\|^2 = \mathfrak{r}^T S_\Pi^T S_\Pi \mathfrak{r} = \sum_{\nu=1}^{n} \mathfrak{r}_\nu^T S_\Pi^T \sum_{\nu'=1}^{n} S_\Pi \mathfrak{r}_{\nu'}$$

$$= \sum_{\nu=1}^{n} \mathfrak{r}_\nu^T S_\Pi^T S_\Pi \mathfrak{r}_\nu = \sum_{\nu=1}^{n} \|S_\Pi \mathfrak{r}_\nu\|^2 \ .$$

Sei ν fest, $\nu^{(i)} \leq \nu \leq \nu^{(i+1)}$. Dann ist wegen (4.1.10a,b)

$$\| S_\Pi \mathfrak{x}_\nu \|^2 \; < \; \| S_{\nu^{(i)}} S_{\nu^{(i+1)}} \mathfrak{x}_\nu \|^2 \; \le \zeta_l^2 \cdot \zeta_r^2 \, \| \mathfrak{x}_\nu \|^2 .$$

Damit ist wegen der Orthogonalität der $\mathfrak{x}_\nu$

$$\sum_{\nu=1}^{n} \| S_\Pi \mathfrak{x}_\nu \|^2 \; < \; \zeta_l^{\,2} \zeta_r^{\,2} \sum_{\nu=1}^{n} \| \mathfrak{x}_\nu \|^2 \; = \; \zeta_l^{\,2} \zeta_r^{\,2} \| \mathfrak{x} \|^2 .$$

Hieraus folgt die Behauptung:

$$\| S_\Pi \mathfrak{x} \; \| \; < \; \zeta_l \zeta_r \; \| \mathfrak{x} \| \quad \forall \, \mathfrak{x} \in \mathbb{R}^{m \cdot n} \qquad \qquad \Box$$

Es sei bemerkt, daß wegen (4.1.9) eine der beiden Umgebungseigenschaften schon für die schrittweitenunabhängige Konvergenz genügt. Im hier untersuchten Fall lassen sich jedoch beide beweisen, was die Abschätzung in Satz 4.2.1 ein wenig verbessert. Neben der Invarianz der Orthogonalzerlegung unter den S_ν sind entscheidend die Umgebungseigenschaften (4.1.10a, b). Zu deren Nachweis ist zu zeigen, daß gilt

$$\frac{\mathfrak{x}_\nu^T S_{\nu^{(i)}}^T S_{\nu^{(i)}} \mathfrak{x}_\nu}{\mathfrak{x}_\nu^T \mathfrak{x}_\nu} \; \le \; \zeta_r^{\,2}$$

$$\forall \, 0 \ne \mathfrak{x}_\nu \in \mathfrak{G}_\nu, \; \nu \in \left\{ \nu^{(i)}, \ldots, \nu^{(i+1)} \right\} .$$

bzw. für die linksseitige entsprechend. Falls S_ν symmetrisch ist, vereinfacht sich dies zu

$$(4.1.12) \qquad \qquad \frac{\mathfrak{x}_\nu^T S_{\nu^{(i)}} \mathfrak{x}_\nu}{\mathfrak{x}_\nu^T \mathfrak{x}_\nu} \; \le \; \zeta$$

$$\forall \, 0 \ne \mathfrak{x}_\nu \in \mathfrak{G}_\nu, \; \nu \in \left\{ \nu^{(i)}, \ldots, \nu^{(i+1)} \right\} .$$

Nun sind zwar bei symmetrischem K die Zerlegungsmatrizen M_ν und N_ν symmetrisch, der Iterationsoperator $S_\nu = M_\nu^{-1} N_\nu$ ist jedoch unsymmetrisch. Ist aber M_ν positiv definit, so läßt sich S_ν symmetrisieren. Für das symmetrisierte Verfahren läßt sich folgendes zeigen.

Satz 4.1.2: *Schrittweitenunabhängige Konvergenz von GKFF.*

Sei $\nu = \nu^{(i)}$ gemäß (4.1.7b). Für $M_\nu = M$ aus (2.3.1) gelte

$$(4.1.13a) \qquad \qquad T = T^T > 0 ,$$

(4.1.13b)
$$T := \Lambda^T \Lambda,$$

mit einer oberen Dreiecksmatrix Λ. Sei weiter

(4.1.13c)
$$A_v := (\Lambda + \Lambda^{-T} L^T),$$

sowie mit der Restmatrix $N_v = N$ aus (2.1.2)

(4.1.13d)
$$\bar{S}_v := A_v^{-T} N_v A_v^{-1} = A_v S_v A_v^{-1}.$$

Ist (4.1.8) erfüllt mit S_v ersetzt durch $\bar{S}_v$ und gilt darüber hinaus

(4.1.14)
$$\rho(\bar{S}_{v^{(i)}}) < 1 \ \text{für } i=1,\dots\kappa, \text{ und alle } m \geq m_0, \ n \geq n_0,$$

*sowie die **vereinfachten Umgebungseigenschaften***

(4.1.15a)
$$\frac{\mathfrak{x}_v^T \bar{S}_{v^{(i)}} \mathfrak{x}_v}{\mathfrak{x}_v^T \mathfrak{x}_v} \leq \zeta_r < 1$$
$$\forall \ 0 \neq \mathfrak{x}_v \in \mathfrak{G}_v, \ \ v \in \left\{ v^{(i)},\dots,v^{(i+1)} \right\},$$

und

(4.1.15b)
$$\frac{\mathfrak{x}_v^T \bar{S}_{v^{(i)}} \mathfrak{x}_v}{\mathfrak{x}_v^T \mathfrak{x}_v} \leq \zeta_l < 1$$
$$\forall \ 0 \neq \mathfrak{x}_v \in \mathfrak{G}_v, \ \ v \in \left\{ v^{(i-1)},\dots,v^{(i)} \right\},$$

gleichmäßig für alle m,n mit $m{\geq}m_0$ und $n{\geq}n_0$,

so ist die Norm von $\bar{S}_\Pi := \bar{S}_{v^{(1)}} \cdot \bar{S}_{v^{(2)}} \cdot \ \dots \ \cdot \bar{S}_{v^{(\kappa)}}$ unabhängig von der Dimension des Gleichungssystems beschränkt:

(4.1.16)
$$\|\bar{S}_\Pi\| < \zeta_l \zeta_r < 1.$$

Beweis:

Wegen der Symmetrie von $\bar{S}_v$ folgt (4.1.9) aus Voraussetzung (4.1.14). Aus demselben Grund ergiben sich die Umgebungseigenschaft (4.1.10) aus (4.1.15). Satz 4.1.1 beweist dann die Behauptung.   □

Der Übergang zum symmetrisierten Operator $\bar{S}_\nu$ ist vor allem bei der Konstruktion von Vorkonditionierern üblich, da das Verfahren der konjugierten Gradienten eine positiv definite und symmetrische Matrix voraussetzt. Wegen der einfachen Gestalt von M aus (2.3.1) ist Symmetrisierung einfach zu bewerkstelligen. Dies gilt auch für lineare Iterationen im Sinne von Abschnitt 2.1. So kann in (2.3.1) der Term $M^{-1}K$ durch $A^{-T}K\,A^{-1}$ ersetzt werden, was dem Übergang von S_ν zu $\bar{S}_\nu$ entspricht. Zur Konstruktion von A braucht man nur eine CHOLESKY-Zerlegung der p-diagonal-Blöcke T_i wie in (4.1.13b) angegeben. Diese muß zum Invertieren der T_i ohnehin berechnet werden. A aus (4.1.13a) hat dann die Eigenschaft

$$(4.1.17) \qquad\qquad M = A^T A.$$

Ein numerischer Vergleich ergab für beide Varianten identische Ergebnisse.

Während Invarianzeigenschaft (4.1.8) und Konvergenzeigenschaft (4.1.9) bzw. (4.1.14) mehr den äußeren Rahmen des Beweises abgeben, ist die Umgebungseigenschaft (4.1.10) bzw. (4.1.15) der wesentliche Grund für die schrittweitenunabhängige Konvergenz des Verfahrens. In Abschnitt 4.2 wird sie für eine Klasse von Problemen verifiziert.

Die Konvergenzeigenschaft (4.1.14) steht zunächst im Rahmen der klassischen Theorien wie sie etwa in Varga [2] beschrieben sind. Da die Korrekturmatrizen Θ_i praktisch nur dann zugänglich sind, wenn mit den Eigenvektoren getestet wird, kann ein so allgemeiner Zugang hier nicht erwartet werden. Im folgenden geben wir ein einfaches Kriterium für die Konvergenzeigenschaft (4.1.14) an, das in Abschnitt 4.2 Verwendung findet.

Lemma 4.1.3: *Konvergenzkriterium*

Falls die zu $K = K^T > 0$ aus (2.2.1) gehörende filternde Zerlegung aus (4.1.6-7) erfüllt

$$(4.1.18) \qquad aus\ T_{i-1} > 0\ folgt\ N_i \geq 0\ für\ i=2,\dots,m,$$

so ist

$$(4.1.19) \qquad\qquad M > 0$$

und $S := M^{-1}N$ sowie $\bar{S}$ aus (4.1.13d) konvergiert.

Beweis:

M aus (2.3.1) ist genau dann positiv definit, wenn gilt $T_i > 0$, $1 \leq i \leq m$. Wegen $K = K^T > 0$ existiert die exakte symmetrische Dreieckszerlegung von K:

$$K = (\bar{T}+L)\,\bar{T}^{-1}\,(\bar{T}+L^T)$$

mit $\bar{T}=$ blockdiag $(\bar{T}_i)$ und $\bar{T}_i = \bar{T}_i^T > 0$. Wir zeigen induktiv

(4.1.20) $\qquad\qquad N_j \geq 0 \;\frown\; T_j \geq \bar{T}_j > 0,\;\text{für } 1 \leq j \leq m.$

$\underline{j=1:}\;\; N_1 = 0 \frown T_1 = \bar{T}_1 = D_1 > 0.$

$\underline{j\frown j+1:}\;\;$ Es ist

$$0 \leq N_{j+1} \quad = (M-K)_{j+1} =$$
$$= (\,(T+L)\,T^{-1}\,(T+L^T) - (\bar{T}+L)\,\bar{T}^{-1}\,(\bar{T}+L^T)\,)_{j+1}$$
$$= T_{j+1} - \bar{T}_{j+1} + L_j\,(T_j^{-1} - \bar{T}_j^{-1})\,L_j^T$$

und damit nach Induktionsannahme

$$T_{j+1} \geq \bar{T}_{j+1} + L_j\,(\bar{T}_j^{-1} - T_j^{-1})\,L_j^T \geq \bar{T}_{j+1} > 0.$$

Aus $M > 0, N \geq 0$ folgt, daß $\sigma(\bar{S}) \subset [0,1)$:

$$\frac{\mathfrak{x}^T\bar{S}\mathfrak{x}}{\mathfrak{x}^T\mathfrak{x}} \;=\; \frac{\mathfrak{x}^T A^{-T} N A^{-1} \mathfrak{x}}{\mathfrak{x}^T\mathfrak{x}} \;=\; \frac{\mathfrak{x}^T N \mathfrak{x}}{\mathfrak{x}^T M \mathfrak{x}}$$
$$\;=\; \frac{\mathfrak{x}^T (M-K) \mathfrak{x}}{\mathfrak{x}^T M \mathfrak{x}} \;=\; 1 - \frac{\mathfrak{x}^T K \mathfrak{x}}{\mathfrak{x}^T M \mathfrak{x}} \;<\; 1$$

und

$$\frac{\mathfrak{x}^T\bar{S}\mathfrak{x}}{\mathfrak{x}^T\mathfrak{x}} \;=\; \frac{\mathfrak{x}^T N \mathfrak{x}}{\mathfrak{x}^T M \mathfrak{x}} \;\geq\; 0\;.$$

Wegen $\sigma(S) = \sigma(\bar{S})$ folgt hieraus die Behauptung. $\qquad\qquad\square$

Hiermit haben wir nun die wesentlichen Werkzeuge bereitgestellt, mit denen im nächsten Abschnitt die Konvergenz von *GKFF* für eine Klasse von Problemen gezeigt wird.

4.2 Die Umgebungseigenschaft

In diesem Abschnitt verifizieren wir die Voraussetzungen des Konvergenzsatzes 4.1.2 für Matrizen K der Gestalt (2.2.1) mit

(4.2.1a) $$D_i := [\, -b \quad a \quad -b \,],$$

(4.2.1b) $$L_i := [\, -l_1 \quad -l_0 \quad -l_1]$$

mit

(4.2.1c) $$a \geq 4l_1 + 2l_0 + 2b, \quad b, l_0 > 0,\, l_1 \geq 0,\, l_0 \geq 2l_1.$$

Dies entspricht einem symmetrischen Neunpunktstern mit konstanten Koeffizienten

$$K = \begin{bmatrix} -l_1 & -l_0 & -l_1 \\ -b & a & -b \\ -l_1 & -l_0 & -l_1 \end{bmatrix}.$$

Ein solcher Operator K entsteht etwa aus der Diskretisierung eines elliptischen Differentialoperators zweiter Ordnung auf gleichmäßigen Gittern. Beispiele sind u.a. Modellproblem (2.1.12) sowie das COLLATZ'sche Mehrstellenverfahren für den LAPLACE-Operator (vgl. HACKBUSCH [11]). Die Blöcke werden durch zeilenweise Anordnung der Gitterpunkte gebildet. Obwohl ein Teil der nachstehenden Ergebnisse, wie etwa Lemma 4.2.7, auch in etwas allgemeinerem Rahmen gezeigt werden kann, legen wir im folgenden diese Form von K bzw. der L_i und D_i zugrunde, um die Darstellung möglichst einfach zu halten. Ziel dieses Abschnittes ist, den folgenden Konvergenzsatz zu zeigen.

Satz 4.2.1:   *Konvergenz von* S_Π.

Sei $\alpha := 2$ und seien die $v^{(i)}$ gemäß (4.1.7) gewählt. Dann ist für K aus (4.2.1) für $h \to 0$ die Norm des symmetrisierten Iterationsoperators $\bar{S}_\Pi = \bar{S}_{v^{(1)}} \cdot \bar{S}_{v^{(2)}} \cdot \ldots \cdot \bar{S}_{v^{(k)}},\ \bar{S}_{v^{(i)}},$ aus (4.1.13d), beschränkt durch

(4.2.2) $$\| \bar{S}_\Pi \| < 27/50 = 0{,}54 \ .$$

Beweis:

Folgt aus Satz 4.1.2 und den Lemmata 4.2.10 und 4.2.12, sowie Korollar 4.2.16. $\square$

Ehe wir in Abschnitt 4.2.1 zum Beweis der Voraussetzungen von Satz 4.1.2 kommen, leiten wir im folgenden Abschnitt einige technische Lemmata zu Rekursion (2.3.2) und den sich hieraus ergebenden Korrekturmatrizen Θ_i her. Der folgende Abschnitt bringt den Beweis der Konvergenz der Zerlegungskoeffizienten. Derartige Beweise haben wir für verschiedene unvollständige Zerlegungen bereits in WITTUM [2, 4] und WITTUM-LIE-BAU [1] gegeben. Dort konnte jeweils die Monotonie dieser Koeffizienten ausgenützt werden. Diese fehlt nun hier. Entsprechend wird der Beweis wesentlich komplizierter.

4.2.1 Die Rekursion

Lemma 4.2.2: *Gestalt der* T_i

Seien die Testfrequenzen v_0, v_1 *mit* $1 \leq v_0, v_1 \leq n$ *vorgegeben und die zugehörigen Testvektoren* e_0, e_1 *nach* (2.2.6) *gewählt. Weiter sei K wie in* (4.2.1) *definiert. Dann haben die* T_i *aus* (2.3.2) *konstante Einträge*

$$(4.2.3a) \qquad T_i = [\, -t_{1,i} \;\; t_{0,i} \;\; -t_{1,i} \,] \quad i=1,\ldots,m$$

mit

$$(4.2.3b) \qquad t_{1,i} := b + \vartheta_{1,i}$$

und

$$(4.2.3c) \qquad t_{0,i} := a - \vartheta_{0,i} \,.$$

Hierbei entstammen die $\vartheta_{0,i}$ *und* $\vartheta_{1,i}$ *der folgenden Rekursion*

$$(4.2.4a) \qquad \vartheta_{1,i} := \begin{cases} 0 & \text{für } i = 1 \\[2ex] \dfrac{\lambda_0^2 \, \varphi_{i-1}(c_1) - \lambda_1^2 \, \varphi_{i-1}(c_0)}{2(c_0 - c_1)\, \varphi_{i-1}(c_0)\, \varphi_{i-1}(c_1)} & \text{für } i > 1 \end{cases}$$

und

$$(4.2.4b) \qquad \vartheta_{0,i} := \begin{cases} 0 & \text{für } i = 1 \\[2ex] \dfrac{\lambda_1^2 \, \varphi_{i-1}(c_0)c_0 - \lambda_0^2 \, \varphi_{i-1}(c_1)c_1}{(c_0 - c_1)\, \varphi_{i-1}(c_0)\, \varphi_{i-1}(c_1)} & \text{für } i > 1 \end{cases}$$

mit

$$(4.2.5a) \qquad \varphi_i(\xi) := t_{0,i} - 2t_{1,i}\,\xi,$$

$$(4.2.5b) \qquad \lambda_j := l_0 + 2l_1 c_j, \quad \textit{für } j = 0,1$$

und

$$(4.2.5c) \qquad c_j := \cos(v_j\, h\, \pi) \quad \textit{für } j = 0,1.$$

Entsprechend sind die Θ_i *gegeben durch*

$$(4.2.6) \qquad \Theta_i := [\,\vartheta_{1,i} \quad \vartheta_{0,i} \quad \vartheta_{1,i}\,].$$

Beweis:

Sei $i > 0$. Da e_0 und e_1 gerade Eigenvektoren der D_i, L_i und der SCHUR-Komplemente $R_i := L_{i-1} T_{i-1}^{-1} L_{i-1}^T$ sind, gilt

$$(4.2.7a) \qquad R_i e_j = \rho_{i,j} e_j$$

mit

$$(4.2.7b) \qquad \rho_{i,j} := \lambda_j^2 / \varphi_{i-1}(c_j) \quad \text{für } j = 0,1.$$

Laut (2.3.2b) muß

$$\Theta_i e_j = \rho_{i,j} e_j \quad \text{für } j = 0,1$$

gelten. Dies ist erfüllt, wenn Θ_i die Form (4.2.6) hat mit

$$(4.2.8) \qquad \vartheta_{0,i} + 2\vartheta_{1,i} c_j = \rho_{i,j}, \quad j = 0,1.$$

Einsetzen von $\rho_{i,j}$ aus (4.2.7b) führt auf die beiden Gleichungen

$$(4.2.9) \qquad \vartheta_{0,i} + 2\vartheta_{1,i} c_j = \lambda_j^2 / \varphi_{i-1}(c_j) \quad \text{für } j = 0,1.$$

Subtrahieren dieser Gleichungen voneinander und Auflösen nach $\vartheta_{1,i}$ führt auf (4.2.4a), woraus sich wiederum (4.2.4b) ergibt. $\qquad\qquad \square$

Wesentlich zum Nachweis der Umgebungseigenschaft (4.1.15) ist ein genaues Studium der Konvergenz der T_i. In Abschnitt 3.2.1 haben wir für Modellproblem (2.1.12, $\varepsilon=1$)

das Konvergenzverhalten dieser Folge der Diagonalblöcke T_i graphisch veranschaulicht. Aus Abbildung 3.2.3 wird deutlich, daß schon im einfachsten Modellfall für $t_{0,i}$ kein einheitliches Monotonieverhalten vorliegt. Die bisher in WITTUM [2, 4] und WITTUM-LIEBAU [1] gegebenen Beweise für die Konvergenz der Zerlegungskoeffizienten wie auch der entsprechende Beweis für das Diagonalschema in Abschnitt 3.1.1 beruhten jedoch wesentlich auf der Monotonie dieser Rekursionen. Diese Technik ist hier nicht mehr direkt anwendbar. Allerdings verhält sich die Zeilensumme weiterhin monoton. Dies nützen wir im folgenden aus.

Lemma 4.2.3:   *Monotonie der $\varphi_i(c_j)$*

Für $i=1,\dots,m$ und $j=0,1$ fallen die $\varphi_i(c_j)$ aus (4.2.5a) streng monoton in i. Es gilt:

(4.2.10a) $\overline{\varphi}(c_j) < \varphi_{i+1}(c_j) < \varphi_i(c_j)$, $j=0,1,\ i=1,\dots,m-1,$

mit

(4.2.10b) $$\overline{\varphi}(c_j) := \frac{a - 2bc_j + \sqrt{(a - 2bc_j)^2 - 4\lambda_j^2}}{2}.$$

Für $i, m \to \infty$ strebt $\varphi_i(c_j)$ gegen $\overline{\varphi}(c_j)$.

Beweis:

Die $\varphi_i(c_j)$ gehorchen folgender Rekursion:

(4.2.11) $\varphi_{i+1}(c_j) = a - 2bc_j - \lambda_j^2 / \varphi_i(c_j)$, $j = 0,1.$

<u>Beweis von (4.2.11):</u>

Es ist

$$\begin{aligned}
\varphi_{i+1}(\xi) &= t_{0,i+1} - 2t_{1,i+1}\xi \\
&= a - \vartheta_{0,i+1} - 2(b + \vartheta_{1,i+1})\xi \\
&= a - 2b\xi - (\vartheta_{0,i+1} + 2\vartheta_{1,i+1}\xi).
\end{aligned}$$

Führen wir noch die Beziehung

(4.2.12) $$\tau_i(\xi) := \vartheta_{0,i} + 2\vartheta_{1,i}\,\xi$$

ein, so wird mit (4.2.4a,b)

$$\tau_{i+1}(\xi) = \frac{\lambda_1^2\,\varphi_i(c_0)(c_0-\xi) - \lambda_0^2\,\varphi_i(c_1)(c_1-\xi)}{(c_0-c_1)\,\varphi_i(c_0)\,\varphi_i(c_1)}.$$

Im Fall $\xi=c_{0/1}$ vereinfacht sich dies zu

(4.2.13) $$\tau_{i+1}(c_j) = \lambda_j^2 / \varphi_i(c_j), \quad j=0,1,$$

woraus sich (4.2.11) ergibt.

Nun zeigen wir, daß für $i=1,\dots,m$ und $j=0,1$ gilt

(4.2.14) $$\varphi_i(c_j) > \bar\varphi(c_j)$$

mit $\bar\varphi(c_j)$ aus (4.2.10b).

$\underline{i=1}$: Für $i=1$ ist (4.2.14) erfüllt, da $\bar\varphi(c_j) < a - 2bc_j = \varphi_1(c_j)$.

$\underline{i \rightsquigarrow i+1}$: Es ist für $j=1,2$

$$
\begin{aligned}
0 \quad &= (a - 2bc_j - \bar\varphi(c_j))\,\bar\varphi(c_j) - \lambda_j^2 \\
&< (a - 2bc_j - \bar\varphi(c_j))\,\varphi_i(c_j) - \lambda_j^2
\end{aligned}
$$

und hiermit

$$\varphi_{i+1}(c_j) = a - 2bc_j - \lambda_j^2 / \varphi_i(c_j) > \bar\varphi(c_j),$$

womit (4.2.14) bewiesen ist.

Da $\bar\varphi(c_j)$ positiv ist, folgt aus (4.2.11) und (4.2.14) sofort die behauptete strenge Monotonie der $\varphi_i(c_j)$ in (4.2.10a). Hieraus folgt weiter die Konvergenz der $\varphi_i(c_j)$ gegen einen Grenzwert, der sich als Lösung der entsprechenden Fixpunktgleichung ergibt. Diese ist gerade $\bar\varphi(c_j)$ aus (4.2.10b). $\qquad\qquad\square$

Hieraus läßt sich nun das Wachstumsverhalten der Nebendiagonaleinträge $t_{1,i}$ erschließen.

Lemma 4.2.4:   *Wachstumsverhalten der* $t_{1,i}$

Sei $v_1 := v_0+1$. *Dann wächst die Folge der* $t_{1,i}$ *aus (4.2.3b) für* $h \to 0$. *Genauer:*

Es existiert eine Folge $(q_i)_{i=1}^{\infty}$, $q_i > 0$, *derart, daß*

$$(4.2.15) \qquad\qquad t_{1,i+1} - t_{1,i} \geq q_i + \mathcal{O}(h), \quad i \in \mathbb{N}.$$

Im Falle eines Fünfpunktsterns (d.h. $l_1=0$*) gilt einfacher*

$$(4.2.15') \qquad\qquad t_{1,i+1} \geq t_{1,i} \quad i \geq 1.$$

Beweis:

Gemäß ihrer Definition in (4.2.3b) und (4.2.4a) genügen die $t_{1,i}$ folgender Rekursion

$$(4.2.16) \qquad t_{1,i} := \begin{cases} b & \text{für } i = 1 \\[2mm] b + \dfrac{\lambda_0^2\, \varphi_{i-1}(c_1) - \lambda_1^2\, \varphi_{i-1}(c_0)}{2(c_0 - c_1)\, \varphi_{i-1}(c_0)\, \varphi_{i-1}(c_1)} & \text{für } i > 1 \end{cases} \quad .$$

Im Falle $l_1 = 0$ (Fünfpunktstern) ist $\lambda_0 = \lambda_1 = l_0$. Daher vereinfacht sich (4.2.16) zu

$$(4.2.16') \qquad t_{1,i} := \begin{cases} b & \text{für } i = 1 \\[2mm] b + l_0 \dfrac{t_{1,i-1}}{\varphi_i(c_0)\, \varphi_i(c_1)} & \text{für } i > 1 \end{cases} \quad .$$

Da nach Lemma 4.2.2 $\varphi_i(c_j)$ monoton fällt, aber positiv ist, läßt sich an (4.2.16) direkt ablesen, daß $t_{1,i} > t_{1,i-1}$ und somit (4.2.15') erfüllt ist. Im folgenden erörtern wir den Fall $l_1 > 0$. Dieser ist erheblich aufwendiger.

Wegen $v_1 = v_0 + 1$ ist $c_0 > c_1$ und damit nach (4.2.5b) auch $\lambda_0^2 > \lambda_1^2$. Somit gilt

$$\begin{aligned} t_{1,i+1} &= b + \frac{\lambda_0^2\, \varphi_i(c_1) - \lambda_1^2\, \varphi_i(c_0)}{2(c_0 - c_1)\, \varphi_i(c_0)\, \varphi_i(c_1)} \\[3mm] &\geq b + \lambda_1^2 \frac{\varphi_i(c_1) - \varphi_i(c_0)}{2(c_0 - c_1)\, \varphi_i(c_0)\, \varphi_i(c_1)} \\[3mm] &= b + \lambda_1^2 \frac{t_{1,i}}{\varphi_i(c_0)\, \varphi_i(c_1)} \end{aligned}$$

und analog

$$t_{1,i+1} \leq b + \lambda_0^2 \frac{t_{1,i}}{\varphi_i(c_0)\,\varphi_i(c_1)} \ .$$

Mit

(4.2.17a)
$$\underline{t}_i \ := \ \begin{cases} b & \text{für } i = 1 \\ b + \lambda_1^2 \dfrac{t_{1,i-1}}{\varphi_i(c_0)\,\varphi_i(c_1)} & \text{für } i > 1 \end{cases}$$

und

(4.1.17b)
$$\overline{t}_i \ := \ \begin{cases} b & \text{für } i = 1 \\ b + \lambda_0^2 \dfrac{t_{1,i-1}}{\varphi_i(c_0)\,\varphi_i(c_1)} & \text{für } i > 1 \end{cases}$$

gilt also

(4.2.18)
$$\overline{t}_i \geq t_{1,i} \geq \underline{t}_i \ .$$

Wir zeigen jetzt

(4.2.19)
$$\underline{t}_{i+1} - \overline{t}_i \ = \ q_i + \mathcal{O}(h) \ .$$

Hieraus folgt dann (4.2.15) und damit die Behauptung.

<u>Beweis von (4.2.19)</u>:

<u>$i=1$</u>: Für $i=1$ ist (4.2.19) erfüllt.

<u>$i \curvearrowright i+1$</u>: Gelte (4.2.19) für i. Dann ist mit $\Phi_i := \varphi_i(c_0) \cdot \varphi_i(c_1)$

$$\begin{aligned}
\underline{t}_{i+1} - \overline{t}_i \ &= \ b + \lambda_1^2 \frac{t_{1,i}}{\Phi_i} - b - \lambda_0^2 \frac{t_{1,i-1}}{\Phi_{i-1}} \\[2mm]
&= \ \frac{\lambda_1^2 \, t_{1,i}\,\Phi_{i-1} - \lambda_0^2 \, t_{1,i-1}\,\Phi_i}{\Phi_i\,\Phi_{i-1}} \\[2mm]
&= \ \frac{\lambda_1^2 \left(t_{1,i}\,\Phi_{i-1} - t_{1,i-1}\,\Phi_i\right) + \left(\lambda_1^2 - \lambda_0^2\right)\Phi_i\, t_{1,i-1}}{\Phi_i\,\Phi_{i-1}} \\[2mm]
&= \ \frac{\lambda_1^2}{\Phi_i\,\Phi_{i-1}}\left(t_{1,i}\,\Phi_{i-1} - t_{1,i-1}\,\Phi_i\right) + \frac{t_{1,i-1}}{\Phi_{i-1}}\left(\lambda_1^2 - \lambda_0^2\right) \ .
\end{aligned}$$

Nun ist

$$\frac{\lambda_1^2}{\Phi_i\,\Phi_{i-1}}\,(t_{1,i}\,\Phi_{i-1}-t_{1,i-1}\,\Phi_i\,)$$

$$=\ \frac{\lambda_1^2}{\Phi_i\,\Phi_{i-1}}\,((t_{1,i}-t_{1,i-1})\,\Phi_{i-1}+t_{1,i-1}\,(\Phi_{i-1}-\Phi_i\,))$$

$$=\ \frac{\lambda_1^2}{\Phi_i\,\Phi_{i-1}}\,t_{1,i-1}\,(\Phi_{i-1}-\Phi_i\,)+\frac{\lambda_1^2}{\Phi_i}\,(q_i+\mathcal{O}\,(h\,))$$

$$=\ q_{i+1}+\mathcal{O}\,(h\,)$$

mit

$$q_{i+1}\ :=\ \frac{\lambda_1^2}{\Phi_i\,\Phi_{i-1}}\,\{t_{1,i-1}\,(\Phi_{i-1}-\Phi_i\,)+\Phi_{i-1}\,q_i\,\},$$

da laut (4.2.11) $\Phi_{i-1}-\Phi_i\geq C_i>0$ unabhängig von h.

Bleibt zu zeigen, daß

$$(4.2.20)\qquad\qquad\frac{t_{1,i-1}}{\Phi_{i-1}}\,(\lambda_1^2-\lambda_0^2)\ =\ \mathcal{O}\,(h\,).$$

Wegen $\lambda_1-\lambda_0=v^2\pi^2h^2/2-(v+1)^2\,\pi^2\,h^2/2+\mathcal{O}(h^4)=\mathcal{O}(h^2)$ genügt es sicherzustellen, daß $t_{1,i}$ sich für $h\to0$ schlechtestenfalls wie $\mathcal{O}(h^{-\alpha})$, $\alpha<2$, verhält. Geanuer gilt

$$(4.2.21)\qquad\qquad t_{1,i}\ \leq\ \mathcal{O}(h^{-1})\quad\text{für }h\to0,\,i\to\infty.$$

Dies zu beweisen, führen wir als Ober- bzw. Unterfolge

$$(4.2.22a)\qquad\qquad \overline{\overline{t}}_i\ :=\ \begin{cases} b & \text{für }i=1\\[2mm] b+\lambda_0^2\,\dfrac{\overline{\overline{t}}_{i-1}}{\Phi_{i-1}} & \text{für }i>1 \end{cases}$$

und

$$(4.2.22b)\qquad\qquad \underline{\underline{t}}_i\ :=\ \begin{cases} b & \text{für }i=1\\[2mm] b+\lambda_1^2\,\dfrac{\underline{\underline{t}}_{i-1}}{\Phi_{i-1}} & \text{für }i>1 \end{cases}\cdot$$

ein. Nach Konstruktion gilt

$$(4.2.23)\qquad\qquad \overline{\overline{t}}_i\ \geq\ \overline{t}_i\ \geq\ t_{1,i}\ \geq\ \underline{t}_i\ \geq\ \underline{\underline{t}}_i\ .$$

Induktiv zeigt man leicht:

Beide Folgen aus (4.2.22) konvergieren monoton wachsend gegen die Grenzwerte

$$(4.2.24\text{a}) \qquad \bar{\bar{t}}_i \nearrow \bar{\bar{t}} := \frac{b\Phi}{\Phi - \lambda_0^2}, \quad \text{für } i \to \infty,$$

und

$$(4.2.24\text{b}) \qquad \underline{\underline{t}}_i \nearrow \underline{\underline{t}} := \frac{b\Phi}{\Phi - \lambda_1^2}, \quad \text{für } i \to \infty,$$

$$\text{wobei } \Phi := \overline{\varphi}(c_0)\,\overline{\varphi}(c_1) \text{ ist.}$$

Da $\bar{\bar{t}}_1 = \underline{\underline{t}}_1 = \mathcal{O}(1)$ sind, genügt es zu zeigen, daß $\bar{\bar{t}}_1 \leq \mathcal{O}(h^{-1})$ ist.

Wie aus (4.2.10b) ersichtlich, ist $\Phi = \mathcal{O}(1)$. Somit bleibt $\Phi - \lambda_1^2$ zu untersuchen. Sei v_j konstant. Dann ist

$$\Phi - \lambda_1^2 = \overline{\varphi}(c_0) \cdot \overline{\varphi}(c_1) - \lambda_1^2$$

$$= (a - 2bc_0 + \sqrt{(a - 2bc_0)^2 - 4\lambda_0^2})(a - 2bc_1 + \sqrt{(a - 2bc_1)^2 - 4\lambda_1^2})/4 - \lambda_0^2$$

$$= (l_0 + 2l_1 + b(1 - c_0) + w_0\sqrt{1 - c_0})(l_0 + 2l_1 + b(1 - c_1) + w_1\sqrt{1 - c_1}) - \lambda_0^2$$

$$= (l_0 + 2l_1 + b(1 - c_0))\,w_1\sqrt{1 - c_1} + (l_0 + 2l_1 + b(1 - c_1))\,w_0\sqrt{1 - c_0}$$

$$+ w_0 w_1 \sqrt{1 - c_0}\,\sqrt{1 - c_1} + 4l_1(l_1(1 + c_0) + l_0)(1 - c_1)$$

$$+ (2l_1 + l_0)b(2 - c_0 - c_1) + b^2(1 - c_0)(1 - c_1).$$

mit $w_j := \sqrt{(2l_0 + 2l_1(1 - c_j) + b(1 - c_j))(b + 2l_1)}$ für $j = 0, 1$.

Für $h \to 0$ ist $c_j = 1 - \pi^2 v_j^2 h^2 / 2 + \mathcal{O}(h^4)$. Dies ergibt

$$\Phi - \lambda_1^2 = (l_0 + 2l_1)\sqrt{2l_0(b + 2l_1)}\; v\pi h / 2 + \mathcal{O}(h^2).$$

Somit gilt (4.2.20), was das Lemma beweist. $\qquad\qquad\qquad\qquad\qquad\quad\square$

Aus Lemma 4.2.4 folgt die Konvergenz der $t_{1,i}$, wie im folgenden bemerkt.

Bemerkung 4.2.5: *Konvergenz der $t_{1,i}$.*

Unter den Voraussetzungen von Lemma 4.2.4 sind die $t_{1,i}$ konvergent. Der Grenzwert t_1 erfüllt die Beziehung

$$(4.2.25) \qquad\qquad \underline{t} \leq t_1 \leq \overline{\overline{t}}$$

mit $\underline{t}$ und $\overline{\overline{t}}$ aus (4.2.24).

Beweis:

Nach Lemma 4.2.4 wachsen die $t_{1,i}$ und sind beschränkt. Somit folgt die Konvergenz. Ungleichung (4.2.25) folgt direkt aus dem Beweis von Lemma 4.2.4. ❏

Hieraus ergibt sich nun

Lemma 4.2.6: *Monotonie der $\varphi_i(\xi)$.*

Sei $v_1 := v_0 + 1$. Dann fällt die in (4.2.5a) definierte Folge $(\varphi_i(\xi))_{i=1}^{\infty}$ für

$$(4.2.26) \qquad\qquad \xi \geq \min(c_0,c_1) = c_1$$

und $h \to 0$. Es gilt

$$(4.2.27) \qquad\qquad \varphi_i(\xi) \geq \overline{\varphi}(c_1) + 2t_1(c_1-\xi) =: \overline{\varphi}(\xi)$$

mit t_1 aus Bemerkung 4.2.5 bzw. (4.2.29b).

Beweis:

Nach (4.2.5a) ist

$$(4.2.28) \qquad\qquad \varphi_i(\xi) = \varphi_i(c_1) + 2t_{1,i}(c_1-\xi) \ .$$

Gemäß Lemma 4.2.3 fällt $\varphi_i(c_1)$, während nach Lemma 4.2.4 unter den gegebenen Voraussetzungen die $t_{1,i}$ wachsen. Folglich fällt $\varphi_i(\xi)$ in i für $\xi \geq c_1$, und nach Bemerkung 4.2.5 gilt (4.2.27). ❏

Hieraus folgt endlich

Lemma 4.2.7: *Konvergenz der Zerlegungskoeffizienten.*

Sei $v_1 := v_0 + 1$. Für $h \to 0$ konvergieren die $t_{0,i}$

$$(4.2.29a) \qquad\qquad t_{0,i} \to t_0 := a - \vartheta_0, \ \textit{für } i \to \infty,$$

und, wie schon in Bemerkung 4.2.5 erwähnt, die $t_{1,i}$

(4.2.29b) $$t_{1,i} \;\rightarrow\; t_1 \;:=\; b + \vartheta_1, \;\; \textit{für } i \rightarrow \infty,$$

mit

(4.2.30a) $$\vartheta_0 \;:=\; \frac{a}{2} + \frac{c_1\sqrt{(a-2bc_0)^2-4\lambda_0^2}-c_0\sqrt{(a-2bc_1)^2-4\lambda_1^2}}{2(c_0-c_1)}$$

und

(4.2.30b) $$\vartheta_1 \;:=\; -\frac{b}{2} - \frac{\sqrt{(a-2bc_0)^2-4\lambda_0^2}-\sqrt{(a-2bc_1)^2-4\lambda_1^2}}{4(c_0-c_1)}.$$

Asymptotisch in h verhalten sich ϑ_0 *und* ϑ_1 *wie*

(4.2.31a) $$\vartheta_0 \;=\; -2\frac{\sqrt{2l_1+b}\,\sqrt{2l_1+l_0}}{(2v_0+1)\pi h} + \frac{a}{2} + \mathcal{O}(h)$$

und

(4.2.31b) $$\vartheta_1 \;=\; \frac{\sqrt{2l_1+b}\,\sqrt{2l_1+l_0}}{(2v_0+1)\pi h} - \frac{b}{2} + \mathcal{O}(h)\;.$$

Beweis:

Gemäß (4.2.5a) ist

$$\varphi_i(1) \;=\; t_{0,i} - 2t_{1,i}\,.$$

Nach Lemma 4.2.6 fällt $\varphi_i(1)$ und konvergiert gegen $\bar{\varphi}(1)$ aus (4.2.27). Nach Bemerkung 4.2.4 konvergiert auch $t_{1,i}$ gegen t_1 aus Bemerkung 4.2.5. Somit muß auch $t_{0,i}$ konvergieren. Ein Fixpunkt von (4.2.3/4) muß (4.2.9) erfüllen. Daher gilt mit ϑ_0 und ϑ_1 aus (4.2.30) für $j = 0,1$

(4.2.32) $$(\vartheta_0+2\vartheta_1 c_j)(a-\vartheta_0-2(b+\vartheta_1)c_j) \;=\; \lambda_j^2\,.$$

Ausmultiplizieren und Auflösen nach ϑ_0 ergibt für $j{=}0$

$$\vartheta_0 = -\tfrac{1}{2}\Big(2c_0(2\vartheta_1+b) + \sqrt{-4\lambda_0^2 + (-2bc_0+a)^2} - a\Big)$$

Einsetzen hiervon in (4.2.32) für $j{=}1$ führt auf die in (4.2.29/30) angegebenen Fixpunkte. Für $h \rightarrow 0$ verhalten sich $c_j = 1 - v_j^2\pi^2h^2/2 + \mathcal{O}(h^4)$, $j = 0,1$, und

$\lambda_j = l_0 + 2l_1 - l_1 \pi^2 v_j^2 h^2 + \mathcal{O}(h^4)$, $j = 0,1$. Einsetzen hiervon in (4.2.30) führt nach einiger Rechnung auf (4.2.31).   ❑

Analog zum Vorgehen in WITTUM-LIEBAU [1] läßt sich die Konvergenz der Zerlegungskoeffizienten zur Vereinfachung des Verfahrens nutzen. Wir brauchen hier die Aussagen über das Wachstumsverhalten der $\varphi_i(\xi)$ und der $t_{1,i}$ jedoch vor allem zur Abschätzung der Restmatrix, wie im folgenden Abschnitt ausführlich diskutiert.

4.2.2 Abschätzen der Restmatrix

Schlüssel zum Nachweis der Voraussetzungen in Satz 4.1.2 ist die Kenntnis der Eigenwerte der Restmatrix N und deren Verhalten. Diese sind im folgenden Lemma angegeben.

Lemma 4.2.8:   *Eigenwerte und Eigenvektoren von N.*

Die Restmatrix der frequenzfilternden Zerlegung $FF_{1,v,v+1}$ von K aus (4.2.1) mit den Testfrequenzen v_0 und v_1 hat die Eigenvektoren

$$(4.2.33a) \qquad \mathfrak{n}_{\mu v} := \mathfrak{t}_\mu \otimes \hat{\mathfrak{s}}_v \ , 1 \le \mu \le m, 1 \le v \le n,$$

mit

$$(4.2.33b) \qquad \mathfrak{t}_\mu := (0, \ldots, 0, \underset{\mu}{1}, 0, \ldots, 0)^T$$

und $\hat{\mathfrak{s}}_v$ aus (2.2.6). Die zugehörigen Eigenwerte sind

$$(4.2.34) \qquad n_{\mu v} := 4 \frac{(l_0 t_{1,\mu-1} + l_1 t_{0,\mu-1})^2}{\varphi_{\mu-1}(c_0) \varphi_{\mu-1}(c_1) \varphi_{\mu-1}(\gamma_v)} (\gamma_v - c_0)(\gamma_v - c_1)$$

mit γ_v aus (3.1.8c).

Beweis:

Gemäß Lemma 2.4.1 ist N blockdiagonal. Da weiter die Testvektoren $\hat{s}_\mu$ gerade die Eigenvektoren der Blöcke L_i, T_i und Θ_i sind, sind die $\mathfrak{n}_{\mu\nu}$ aus (4.2.33) auch Eigenvektoren von N. Die Eigenwerte sind somit

$$\begin{aligned}
n_{\mu\nu} &= \frac{\lambda_\nu'^2}{\varphi_{\mu-1}(\gamma_\nu)} - \vartheta_{0,\mu} + 2\vartheta_{1,\mu}\gamma_\nu \\
&= \{\ \lambda_\nu'^2\, \varphi_{\mu-1}(c_0)\varphi_{\mu-1}(c_1)(c_0-c_1) \\
&\qquad - \lambda_1^2\varphi_{\mu-1}(c_0)\varphi_{\mu-1}(\gamma_\nu)(c_0-\gamma_\nu) \\
&\qquad - \lambda_0^2\varphi_{\mu-1}(c_1)\varphi_{\mu-1}(\gamma_\nu)(c_1-\gamma_\nu)\ \} \\
&\qquad \cdot \frac{1}{\varphi_{\mu-1}(c_0)\varphi_{\mu-1}(c_1)\varphi_{\mu-1}(\gamma_\nu)(c_0-c_1)}\ ,
\end{aligned}$$

wobei

$$(4.2.35) \qquad\qquad \lambda_\nu' := l_0 + 2l_1\gamma_\nu\ .$$

Einsetzen von λ_j aus (4.2.5b), λ_ν' aus (4.2.35) und $\varphi_{\mu-1}(\xi)$ aus (4.2.5a) führt nach längerer Rechnung auf (4.2.34). $\qquad\square$

Im folgenden brauchen wir analoge Darstellungen der Eigenvektoren von K und M.

Bemerkung 4.2.9: *Eigenvektoren von K und M.*

Die Eigenvektoren von K sind

$$(4.2.36a) \qquad\qquad \mathfrak{k}_{\mu\nu} := \hat{s}_\mu \otimes \hat{s}_\nu\ ,\ 1\leq\mu\leq m,\ 1\leq\nu\leq n,$$

mit den zugehörigen Eigenwerten

$$(4.2.36b) \qquad\qquad \kappa_{\mu\nu} := a - 2b\gamma_\nu - 2l_0\gamma_\mu - 4l_1\gamma_\mu\gamma_\nu\ .$$

Die Eigenvektoren von M haben ebenfalls die Form

$$(4.2.37) \qquad\qquad \mathfrak{m}_{\mu\nu} = \bar{\mathfrak{m}}_\mu \otimes \hat{s}_\nu\ ,\ 1\leq\mu\leq m,\ 1\leq\nu\leq n,$$

mit $\bar{\mathfrak{m}}_\mu \in \mathbb{R}^m$.

Beweis:

(4.2.36a,b) weist man durch Einsetzen leicht nach (s. auch [Vg]). Da nach (2.1.2) $M=K+N$ ist, lassen sich die Eigenvektoren $\mathfrak{m}_{\mu\nu}$ von M ebenfalls als Tensorprodukt von Vektoren $\overline{\mathfrak{m}}_\mu \in \mathbb{R}^m$ und der $\hat{\mathfrak{s}}_\nu$, dem Anteil der Eigenvektoren von K und N, der beiden gemeinsam ist, darstellen   ❏

Hieraus läßt sich nun direkt die Invarianzeigenschaft (4.1.8) folgern.

Lemma 4.2.10   *Invarianzeigenschaft*

Die Iterationsmatrix $S_{\nu_0} = M_{\nu_0}^{-1}N_{\nu_0}$ der frequenzfilterndern Zerlegung FF_{1,ν_0,ν_0+1} von K aus (4.1.1) läßt die zu den Vektoren $\hat{\mathfrak{s}}_{\nu'}$ aus (2.2.6) gehörenden Teilräume

(4.2.38a) $\mathfrak{H}_{\nu'} := \{\ \mathfrak{v} \otimes \hat{\mathfrak{s}}_{\nu'} : \mathfrak{v} \in \mathbb{R}^m, \hat{\mathfrak{s}}_{\nu'} \text{ aus (2.2.6)}\ \}$

invariant. Die symmetrisierte frequenzfilternde Zerlegung $\overline{S}_{\nu_0} = A_{\nu_0}^{-T}N_{\nu_0}A_{\nu_0}^{-1}$ aus (4.1.13) läßt die zu $A_{\nu_0}\hat{\mathfrak{s}}_{\nu'}$ gehörenden Teilräume

(4.2.38b) $\mathfrak{G}_{\nu'} := \{\ \mathfrak{v} \otimes \mathfrak{w}_{\nu'} : \mathfrak{w}_{\nu'} := A_{\nu_0}\hat{\mathfrak{s}}_{\nu'} / \|A_{\nu_0}\hat{\mathfrak{s}}_{\nu'}\|, \mathfrak{v}\in\mathbb{R}^m\}$

invariant.

Beweis:

Nach Lemma 4.2.8 ist $N\mathfrak{x} \in \mathfrak{H}_{\nu'}$ für $\mathfrak{x}\in\mathfrak{H}_{\nu'}$. Bemerkung 4.2.9 zufolge läßt M die $\mathfrak{H}_\nu$ ebenfalls invariant. Wegen $\overline{S} = ASA^{-1}$ folgt der zweite Teil der Behauptung.   ❏

Wesentlich für unsere Konstruktion in Abschnitt 4.1 ist die Orthogonalität der Teilräume $\mathfrak{G}_{\nu'}$ und $\mathfrak{H}_{\nu'}$.

Bemerkung 4.2.11   *Orthogonalität der $\mathfrak{G}_\nu$ und $\mathfrak{H}_\nu$.*

Seien die Testfrequenzen ν_0 und $\nu_1 := \nu_0+1$ fest vorgegeben. Die in (4.2.38a,b) definierten Teilräume sind orthogonal. Es gilt

(4.2.39) $\mathfrak{x}\cdot\mathfrak{y}=0\ ,$

für $\mathfrak{x}\in\mathfrak{G}_\nu$ und $\mathfrak{y}\in\mathfrak{G}_{\nu'}$ mit $\nu\neq\nu'$
und für $\mathfrak{x}\in\mathfrak{H}_\nu$ und $\mathfrak{y}\in\mathfrak{H}_{\nu'}$ mit $\nu\neq\nu'$.

Beweis:

Für $\mathfrak{H}_\nu$ aus (4.2.38) ist dies wegen der Orthogonalität der $\mathfrak{z}_\nu$ klar. Da $M = A^T A$ die $\mathfrak{H}_\nu$ invariant läßt, gilt für $\mathfrak{x}_1 \in \mathfrak{G}_\nu$ und $\mathfrak{x}_2 \in \mathfrak{G}_{\nu'}$ mit $\mathfrak{x}_1 = A\,\mathfrak{y}_1 \in \mathfrak{H}_\nu$ und $\mathfrak{x}_2 = A\mathfrak{y}_2 \in \mathfrak{H}_{\nu'}$:

$$\mathfrak{x}_1^T \mathfrak{x}_2 = \mathfrak{y}_1^T A^T A \mathfrak{y}_2 = \mathfrak{y}_1^{\,T} \mathfrak{z}_2 = 0 \quad \text{für } \nu \neq \nu'$$

da $\mathfrak{z}_2 := A^T A \mathfrak{y}_2 = M\mathfrak{y}_2 \in \mathfrak{H}_{\nu'}$. Somit sind die $\mathfrak{G}_\nu$ ebenfalls orthogonal. $\qquad\square$

Die Konvergenzeigenschaft (4.1.8) folgt ebenfalls aus (4.2.34).

Lemma 4.2.12:   *Konvergenz der FF-Zerlegung.*

Die frequenzfilternde Zerlegung $FF_{1,\nu,\nu+1}$ von K aus (4.2.1) mit den Testfrequenzen $\nu_0 := \nu$ und $\nu_1 := \nu+1$ konvergiert. Für $S_\nu := M_\nu^{-1} N_\nu$ ist (4.1.8) erfüllt.

Beweis:

Gemäß Lemma 4.2.13 ist (4.1.16) erfüllt. Damit folgt die Behauptung aus Lemma 4.1.3.

$\qquad\square$

Lemma 4.2.13:   *Definitheit von M und N.*

Die frequenzfilternde Zerlegung $FF_{1,\nu,\nu+1}$ von K aus (4.2.1) erfüllt (4.1.16).

Die Restmatrix N und die angenäherte Inverse M sind positiv definit.

Beweis:

Die Definitheit von M und N folgen nach Lemma 4.1.3 aus (4.1.16). Wir zeigen daher

$$(4.1.16) \qquad\qquad T_{i-1} > 0 \ \rightsquigarrow \ N_i \geq 0, \ \text{für } i=2,\dots,m.$$

Sei $1 \leq i \leq m$. N_i hat die Eigenwerte $n_{i\nu'}$, $\nu'=1,\dots,n$, aus (4.2.34). Voraussetzungsgemäß sind die $\varphi_{i-1}(\gamma_\nu) > 0 \ \forall \nu$ und damit wegen $\nu_1 = \nu_0+1$ die $n_{i\nu'} \geq 0$, für $\nu' = 1,\dots,n$, was (4.1.16) beweist. $\qquad\square$

Nun bleiben noch die Umgebungseigenschaften zu zeigen. Auch hier ist die Kenntnis der Eigenwerte von N der wesentliche Schlüssel. Insbesondere benötigen wir nun die in Abschnitt 4.2.1 hergeleiteten Monotonieeigenschaften.

Satz 4.2.14:   *Vereinfachte Umgebungseigenschaft für $FF_{1,v,v+1}$.*

Die frequenzfilternde Zerlegung $FF_{1,v^{(i)},v^{(i)}+1}$ mit $v^{(i)}$ gemäß (4.1.7) von K aus (4.2.1) erfüllt

$$(4.2.40a) \qquad \left| \frac{\mathfrak{x}^T S_{v^{(i)}} \mathfrak{x}}{\mathfrak{x}^T \mathfrak{x}} \right| \leq \left(\frac{1-\alpha^2}{2\alpha} \right)^2$$

für $\mathfrak{x} \in \mathfrak{G}_v$, $\mathfrak{G}_v$ nach (4.2.38b), $v \in \{ v^{(i)}, v^{(i)}+1, ..., v^{(i+1)} \}$ und $1 < \alpha < 1+\sqrt{2}$, und

$$(4.2.40b) \qquad \left| \frac{\mathfrak{x}^T S_{v^{(i)}} \mathfrak{x}}{\mathfrak{x}^T \mathfrak{x}} \right| \leq \frac{(\alpha^2-1)(\alpha+2)\alpha}{(2\alpha+1)^2}$$

für $\mathfrak{x} \in \mathfrak{G}_v$, $\mathfrak{G}_v$ nach (4.2.38b), $v \in \{ v^{(i-1)}, v^{(i-1)}+1, ..., v^{(i)} \}$ und $1 < \alpha \leq \sqrt{2} + (\sqrt{5}-1)/2$.

Beweis:

Der Beweis ergibt sich aus den folgenden Lemmata.   ❑

Die rechte Seite von (4.2.40) ist in Abbildung 4.2.15 dargestellt.

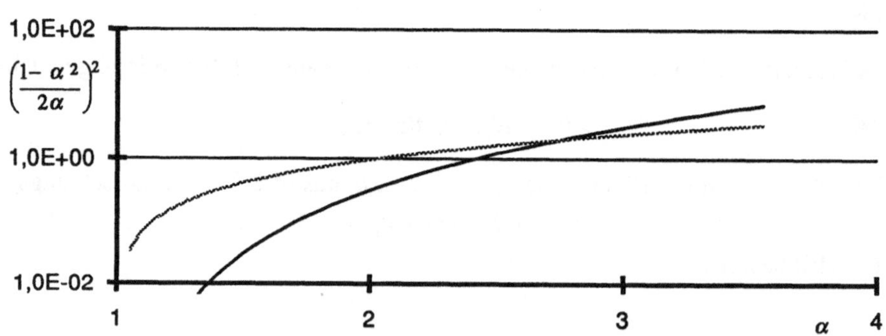

Abbildung 4.2.15: *Rechte Seite von (4.2.40a: schwarz, 4.2.40b: grau).*

In dem uns am meisten interessierenden Fall $\alpha = 2$ ist dies in der Tat die vereinfachte Umgebungseigenschaft (4.1.15).

Korollar 4.2.16: *Umgebungseigenschaft für $\alpha=2$.*

Für $\alpha=2$ sind unter den Voraussetzungen von Satz 4.2.14 die vereinfachten Umgebungseigenschaften (4.1.15a,b) erfüllt mit

$$(4.2.41a) \qquad \zeta_r = (3/4)^2$$

und

$$(4.2.41b) \qquad \zeta_l = 24/25 \, .$$

Beweis:

Folgt aus (4.2.40). $\qquad\qquad\qquad\qquad\qquad\qquad\qquad\qquad\qquad\qquad\square$

Nun aber zum Beweis von Satz 4.2.14.

Lemma 4.2.17: *Beweis der Umgebungseigenschaft.*

Für $v^{(i)}$ gemäß (4.1.7b) und $\mathfrak{x} \in \mathfrak{G}_v$, $v \in \{ v^{(i-1)}, v^{(i-1)}+1, \ldots, v^{(i+1)} \}$, gilt

$$(4.2.42a) \qquad \frac{\mathfrak{x}^T \, \overline{S}_{v^{(i)}} \, \mathfrak{x}}{\mathfrak{x}^T \mathfrak{x}} \leq \frac{\overline{n}_{mv}}{2(b + 2l_1)(1 - \gamma_v) + n_{1v}}$$

mit

$$(4.2.42b) \qquad \overline{n}_{mv} := \max_{\mu=1}^{m} n_{\mu v} \, ,$$

$n_{\mu v}$ *aus (4.2.34).*

Beweis:

Sei $v \in \{ v^{(i-1)}, v^{(i-1)}+1, \ldots, v^{(i+1)} \}$ fest, $\mathfrak{x} \in \mathfrak{G}_v$. Die Eigenvektoren $\mathfrak{n}_{\mu v}$ aus (4.2.33) von N bilden für festes v eine Orthonormalbasis $\mathfrak{N} = \{ \mathfrak{n}_{1v}, \mathfrak{n}_{2v}, \ldots, \mathfrak{n}_{mv} \}$ von $\mathfrak{H}_v$. Entsprechend ist durch

$$(4.2.43) \qquad \mathfrak{g}_{\mu v} := A_{v^{(i)}} \mathfrak{n}_{\mu v} \, / \, \| A_{v^{(i)}} \mathfrak{n}_{\mu v} \|, \quad \mu = 1, \ldots, m$$

eine Orthonormalbasis von $\mathfrak{G}_v$ gegeben. Folglich läßt sich $\mathfrak{x} \in \mathfrak{G}_v$ schreiben als

$$\mathfrak{x} := \sum_{\mu=1}^{m} \xi_\mu \mathfrak{g}_{\mu\nu} = \sum_{\mu=1}^{m} \xi'_\mu A_{\nu(i)} \mathfrak{u}_{\mu\nu}$$

mit

$$\xi'_\mu := \frac{\xi_\mu}{\|A_{\nu(i)} \mathfrak{u}_{\mu\nu}\|} \, .$$

Nun ist

$$\begin{aligned}
\mathfrak{x}^T \overline{S}_{\nu(i)} \mathfrak{x} &= \sum_{\mu=1}^{m} \xi'_\mu \, \mathfrak{u}_{\mu\nu} A_{\nu(i)}^T \overline{S}_{\nu(i)} \sum_{\mu'=1}^{m} \xi'_{\mu'} A_{\nu(i)} \mathfrak{u}_{\mu'\nu} \\
&= \sum_{\mu,\mu'=1}^{m} \xi'_\mu \, \xi'_{\mu'} \, \mathfrak{u}_{\mu\nu} A_{\nu(i)}^T A_{\nu(i)}^{-T} N_{\nu(i)} A_{\nu(i)}^{-1} A_{\nu(i)} \mathfrak{u}_{\mu'\nu} \\
&= \sum_{\mu,\mu'=1}^{m} \xi'_\mu \, \xi'_{\mu'} \, \mathfrak{u}_{\mu\nu} N_{\nu(i)} \mathfrak{u}_{\mu'\nu} \\
&= \sum_{\mu=1}^{m} \xi'^2_\mu \, n_{\mu\nu} \\
&\le \overline{n}_{m\nu} \sum_{\mu=1}^{m} \xi'^2_\mu
\end{aligned}$$

mit $\overline{n}_{m\nu}$ aus (4.2.42b). Weiter ist

$$\mathfrak{x}^T \mathfrak{x} = \sum_{\mu,\mu'=1}^{m} \xi'_\mu \, \xi'_{\mu'} \, \mathfrak{u}_{\mu\nu}^T M_{\nu(i)} \mathfrak{u}_{\mu'\nu}$$

und

$$\begin{aligned}
\mathfrak{u}_{\mu\nu}^T M_{\nu(i)} \mathfrak{u}_{\mu'\nu} &= \mathfrak{u}_{\mu\nu}^T K \, \mathfrak{u}_{\mu'\nu} + \mathfrak{u}_{\mu\nu}^T N_{\nu(i)} \mathfrak{u}_{\mu'\nu} \\
&= \mathfrak{u}_{\mu\nu}^T K \, \mathfrak{u}_{\mu'\nu} + n_{\mu\nu} \delta_{\mu\mu'} \, .
\end{aligned}$$

Wie man leicht nachprüft, ergibt

$$\mathfrak{u}_{\mu\nu}^T K \, \mathfrak{u}_{\mu'\nu} = \begin{cases} a - 2b\gamma_\nu & \mu = \mu' \\ -(l_0 + 2l_1 \gamma_\nu) & |\mu - \mu'| = 1 \\ 0 & \text{sonst} \end{cases} \, .$$

Somit wird

$$\mathfrak{r}^T \mathfrak{r} = \sum_{\mu,\mu'=1}^{m} \xi_{\hat{\mu}} \, \xi_{\hat{\mu}'} \, \mathfrak{u}_{\mu\nu}^T M_{\nu^{(i)}} \mathfrak{u}_{\mu'\nu}$$

$$= (\xi_{\hat{1}}, \xi_{\hat{2}}, \ldots, \xi_{\hat{m}}) \begin{pmatrix} q_{1,\nu} & -\lambda_{\hat{\nu}} & & & \\ -\lambda_{\hat{\nu}} & q_{2,\nu} & -\lambda_{\hat{\nu}} & & \\ & \ddots & \ddots & \ddots & \\ & & -\lambda_{\hat{\nu}} & q_{m-1,\nu} & -\lambda_{\hat{\nu}} \\ & & & -\lambda_{\hat{\nu}} & q_{m,\nu} \end{pmatrix} \begin{pmatrix} \xi_{\hat{1}} \\ \xi_{\hat{2}} \\ \vdots \\ \xi_{\hat{m}} \end{pmatrix}$$

mit $q_{\mu,\nu} := a - 2b\gamma_\nu + n_{\mu\nu}$

Folglich ist nach GERSCHGORIN (siehe HACKBUSCH [11])

$$\mathfrak{r}^T \mathfrak{r} \geq \left(\min_{\mu=1}^{m} q_{\mu\nu} - 2\lambda_{\hat{\nu}} \right) \sum_{\mu=1}^{m} \xi_{\hat{\mu}}^2$$

$$= (q_{1\nu} - 2\lambda_{\hat{\nu}}) \sum_{\mu=1}^{m} \xi_{\hat{\mu}}^2$$

$$= (2(b + 2l_1)(1 - \gamma_\nu) + n_{1\nu}) \sum_{\mu=1}^{m} \xi_{\hat{\mu}}^2 .$$

Dies ergibt insgesamt die Behauptung. $\qquad\qquad\square$

Bleibt die rechte Seite von (4.2.42a) zu diskutieren. Hierzu müssen wir zunächst $\overline{n}_{m,\nu}$ bestimmen.

Lemma 4.2.18: *Wachstumsverhalten der* $n_{\mu,\nu}$

Sei ν fest. Für $h \to 0$ und $\mu \to \infty$ wachsen die $n_{\mu,\nu}$ aus (4.2.24) in μ:

(4.2.44) $$n_{\mu,\nu} \leq n_{\mu+1,\nu}.$$

Es ist mit $\overline{n}_{m,\nu}$ aus (4.2.42b)

(4.2.45) $$\overline{n}_\nu := \lim_{m \to \infty} \overline{n}_{m,\nu} \geq \overline{n}_{m,\nu} .$$

Beweis:

Mit

$$(4.2.46) \qquad r_{\mu,v} \ := \ \frac{(l_0 t_{1,\mu} + l_1 t_{0,\mu})^2}{\varphi_\mu(c_0)\,\varphi_\mu(c_1)\,\varphi_\mu(\gamma_v)}$$

ist $n_{\mu,v} = 4\,(\gamma_v - c_0)\,(\gamma_v - c_1)\,r_{\mu-1,v}$.

Im Fall $l_1 = 0$ (Fünfpunktstern) vereinfacht sich dies zu

$$r_{\mu,v} \ := \ l_0^2\,\frac{t_{1,\mu}^2}{\varphi_\mu(c_0)\,\varphi_\mu(c_1)\,\varphi_\mu(\gamma_v)}\,.$$

Für $\gamma_v \geq c_1$ wächst $r_{\mu,v}$, da nach Lemma 4.2.3 und Lemma 4.2.6 die Faktoren im Nenner fallen, während nach Lemma 4.2.4 der Zähler wächst.

Sei nun $\gamma_v < c_1$. Dann ist nach (4.2.28)

$$\left(\frac{r_{\mu,v}}{l_0^2}\right)^{-1} \ := \ \varphi_\mu(c_0)\,\varphi_\mu(c_1)\left(\frac{\varphi_\mu(c_1)}{t_{1,\mu}^2} + \frac{2(c_1 - \gamma_v)}{t_{1,\mu}}\right),$$

was offensichtlich fällt. Somit gilt $r_{\mu,v} \leq r_{\mu+1,v}$ für $l_1 = 0$.

Sei nun $l_1 > 0$. Dann ist

$$\frac{r_{\mu,v}}{l_1^2} \ = \ \frac{\varphi_\mu^2\!\left(-\dfrac{l_0}{2l_1}\right)}{\varphi_\mu(c_0)\,\varphi_\mu(c_1)\,\varphi_\mu(\gamma_v)}$$

$$= \ \frac{\left(\varphi_\mu(c_1) + 2t_{1,\mu}\!\left(c_1 + \dfrac{l_0}{2l_1}\right)\right)\!\left(\varphi_\mu(\gamma_v) + 2t_{1,\mu}\!\left(\gamma_v + \dfrac{l_0}{2l_1}\right)\right)}{\varphi_\mu(c_0)\,\varphi_\mu(c_1)\,\varphi_\mu(\gamma_v)}$$

$$= \ \frac{1}{\varphi_\mu(c_0)} + 2\,\frac{t_{1,\mu}\!\left(c_1 + \dfrac{l_0}{2l_1}\right)}{\varphi_\mu(c_0)\,\varphi_\mu(c_1)} + 2\,\frac{t_{1,\mu}\!\left(\gamma_v + \dfrac{l_0}{2l_1}\right)}{\varphi_\mu(c_0)\,\varphi_\mu(\gamma_v)}$$

$$+ \ 4\left(c_1 + \frac{l_0}{2l_1}\right)\!\left(\gamma_v + \frac{l_0}{2l_1}\right)\frac{t_{1,\mu}^2}{\varphi_\mu(c_0)\,\varphi_\mu(c_1)\,\varphi_\mu(\gamma_v)}\,.$$

Nach Lemma 4.2.2 fallen $\varphi_\mu(c_{0/1})$; somit wächst der erste Summand. Gemäß Lemma

4.2.3 wächst $t_{1,\mu}$. Folglich wächst auch der zweite Summand.

Für $\gamma_v \geq c_1$ fällt $\varphi_\mu(\gamma_v)$ nach Lemma 4.2.5. Wegen $l_0 \geq 2l_1$ (vgl. (4.2.1)) ist $\gamma_v + l_0/2/l_1 \geq 0$. Somit wächst für $\gamma_v \geq c_1$ auch der dritte und der vierte Summand. Für $\gamma_v < c_1$ schreiben wir den dritten Summanden um

$$2\frac{t_{1,\mu}\left(\gamma_v + \dfrac{l_0}{2l_1}\right)}{\varphi_\mu(c_0)\,\varphi_\mu(\gamma_v)} = 2\frac{t_{1,\mu}\left(\gamma_v + \dfrac{l_0}{2l_1}\right)}{\varphi_\mu(c_0)(\varphi_\mu(c_1) + 2t_{1,\mu}(c_1 - \gamma_v))} \ .$$

Dies wächst aus obengenannten Gründen. Den vierten Summanden behandelt man analog. Somit gilt $r_{\mu,v} \leq r_{\mu+1,v}$, woraus die Behauptung folgt.   ❑

Das folgende Lemma gibt das Verhalten von $\bar{n}_v$ für $h \to 0$ an.

Lemma 4.2.19:   *Asymptotisches Verhalten von $\bar{n}_v$*

Sei $v_1 = v_0 + 1$. Für $h \to 0$ verhält sich $\bar{n}_v$ wie

$$(4.2.47) \qquad \bar{n}_v = \frac{(2l_1 + b)}{(2v_0 + 1)^2}\pi^2\left(v_0^2 - v^2\right)\left((v_0 + 1)^2 - v^2\right)h^2 + \mathcal{O}\left(h^3\right).$$

Beweis:

Wegen (4.2.31) ist

$$\begin{aligned}
\vartheta_0 + 2\vartheta_1\gamma_v &= -2\frac{\sqrt{2l_1 + b}\,\sqrt{2l_1 + l_0}}{(2v_0 + 1)\pi h} + \frac{a}{2} + \mathcal{O}(h) \\
&\quad + 2\left(1 - \frac{\pi^2 v^2 h^2}{2} + \mathcal{O}\left(h^4\right)\right)\left(\frac{\sqrt{2l_1 + b}\,\sqrt{2l_1 + l_0}}{(2v_0 + 1)\pi h} - \frac{b}{2} + \mathcal{O}(h)\right) \\
&= \frac{a - 2b}{2} + \mathcal{O}(h)\ .
\end{aligned}$$

Dies führt für konstantes v auf

$$\overline{\varphi}(\gamma_v) = a - 2b\gamma_v - (\vartheta_0 + 2\vartheta_1\gamma_v)$$

$$= a - 2b\left(1 - \frac{v^2\pi^2h^2}{2}\right) - \frac{a-2b}{2} + \mathcal{O}(h)$$

$$= \frac{a-2b}{2} + \mathcal{O}(h)$$

$$= l_0 + 2l_1 + \mathcal{O}(h).$$

Folglich haben wir

$$(4.2.48) \qquad \overline{\varphi}(c_0)\,\overline{\varphi}(c_1)\,\overline{\varphi}(\gamma_v) = (l_0 + 2l_1)^3 + \mathcal{O}(h).$$

Weiter ist

$$
\begin{aligned}
l_0 t_1 + l_1 t_0 &= l_0\,(b + \vartheta_1) + l_1(a - \vartheta_0) \\
&= l_0\vartheta_1 - l_1\vartheta_0 + l_0 b + l_1 a \\
&= l_0\left(\frac{\sqrt{2l_1+b}\,\sqrt{2l_1+l_0}}{(2v_0+1)\pi h} - \frac{b}{2} + \mathcal{O}(h)\right) \\
&\quad - l_1\left(-2\,\frac{\sqrt{2l_1+b}\,\sqrt{2l_1+l_0}}{(2v_0+1)\pi h} + \frac{a}{2} + \mathcal{O}(h)\right) + l_0 b + l_1 a \\
&= \frac{(l_0+2l_1)^{\frac{3}{2}}\sqrt{2l_1+b}}{(2v_0+1)\pi h} + \mathcal{O}(1)
\end{aligned}
$$

und damit

$$(4.2.49) \qquad (l_0 t_1 + l_1 t_0)^2 = \frac{(l_0+2l_1)^3(2l_1+b)}{(2v_0+1)^2\pi^2h^2} + \mathcal{O}\left(h^{-1}\right).$$

Bekanntermaßen gilt

$$(4.2.50) \qquad \gamma_v - c_j = (v_j^2 - v^2)\,\pi^2 h^2 / 2 + \mathcal{O}(h^4), \quad j=0,1.$$

Fassen wir (4.2.48), (4.2.49) und (4.2.50) zusammen, so ergibt sich (4.2.47). $\square$

Lemma 4.2.20:   *Asymptotik der Umgebungseigenschaft*

Die rechte Seite von Abschätzung (4.2.42a) verhält sich für $h \to 0$ und $v_1 := v_0 + 1$, $v_0 := v^{(i)}$, $v^{(i)}$ aus (4.1.7), wie

$$(4.2.51) \qquad \frac{\overline{n}_v}{2(b + 2l_1)(1 - \gamma_v) + n_{1v}} = \frac{((v_0 + 1)^2 - v^2)(v_0^2 - v^2)}{(2v_0 + 1)^2 v^2} + \mathcal{O}(h).$$

Für $v \in \{v^{(i)}, v^{(i)} + 1, \ldots, v^{(i+1)}\}$ und $\alpha > 1$ ist somit

$$(4.2.52a) \qquad \frac{\overline{n}_v}{2(b + 2l_1)(1 - \gamma_v) + n_{1v}} \leq \left(\frac{1 - \alpha^2}{2\alpha}\right)^2 + \mathcal{O}(h).$$

und für $v \in \{v^{(i-1)}, v^{(i-1)} + 1, \ldots, v^{(i)}\}$ und $\alpha > 1$ ist

$$(4.2.52b) \qquad \frac{\overline{n}_v}{2(b + 2l_1)(1 - \gamma_v) + n_{1v}} \leq \frac{(\alpha^2 - 1)(\alpha + 2)\alpha}{(2\alpha + 1)^2} + \mathcal{O}(h).$$

Beweis:

Mit (4.2.47) ergibt sich

$$\frac{\overline{n}_v}{2(b + 2l_1)(1 - \gamma_v) + n_{1v}} < \frac{\overline{n}_v}{2(b + 2l_1)(1 - \gamma_v)}$$

$$= \frac{((v_0 + 1)^2 - v^2)(v_0^2 - v^2)}{(2v_0 + 1)^2 v^2} + \mathcal{O}(h)$$

und damit (4.2.51). Die rechte Seite von (4.2.51) wird für
$v \in \{v^{(i)}, v^{(i)} + 1, \ldots, v^{(i+1)}\}$ maximal bei $v = v^{(i+1)}$. Einsetzen hiervon ergibt

$$\frac{((v^{(i)} + 1)^2 - \alpha^2 (v^{(i)})^2)((v^{(i)})^2 - \alpha^2 (v^{(i)})^2)}{(2v^{(i)} + 1)^2 \alpha^2 (v^{(i)})^2}$$

$$= \frac{(v^{(i)})^2 \left(\left(\frac{v^{(i)} + 1}{v^{(i)}}\right)^2 - \alpha^2\right)(1 - \alpha^2)}{(2v^{(i)} + 1)^2 \alpha^2} = \frac{\left(\left(1 + \frac{1}{v^{(i)}}\right)^2 - \alpha^2\right)(1 - \alpha^2)}{\left(2 + \frac{1}{v^{(i)}}\right)^2 \alpha^2}$$

$$< \left(\frac{1-\alpha^2}{2\alpha} \right)^2$$

für $v^{(i)} \geq 1$ und $\alpha > 1$. Damit ist (4.2.52a) bewiesen.

Einsetzen von $v = v^{(i-1)} = v^{(i)}/\alpha$ in die rechte Seite von (4.2.51) ergibt

$$\left. \frac{((v_0+1)^2 - v^2)(v_0^2 - v^2)}{(2v_0+1)^2 v^2} \right|_{v=\frac{v_0}{\alpha}, \; v_0 = v^{(i)}} = \alpha^2 \frac{\left((v^{(i)}+1)^2 - \frac{(v^{(i)})^2}{\alpha^2}\right)\left((v^{(i)})^2 - \frac{(v^{(i)})^2}{\alpha^2}\right)}{(2v^{(i)}+1)^2 (v^{(i)})^2}$$

$$= \frac{\left((v^{(i)}+1)^2 - \left(\frac{v^{(i)}}{\alpha}\right)^2\right)(\alpha^2 - 1)}{(2v^{(i)}+1)^2} \; .$$

Für $v^{(i)}$, $\alpha > 1$ fällt dies monoton in $v^{(i)}$ und läßt sich daher abschätzen durch

$$\frac{\left((v^{(i)}+1)^2 - \left(\frac{v^{(i)}}{\alpha}\right)^2\right)(\alpha^2 - 1)}{(2v^{(i)}+1)^2} \leq \left. \frac{\left((v^{(i)}+1)^2 - \left(\frac{v^{(i)}}{\alpha}\right)^2\right)(\alpha^2 - 1)}{(2v^{(i)}+1)^2} \right|_{v^{(i)}=\alpha}$$

$$= \frac{\alpha(\alpha^2 - 1)(\alpha + 2)}{(2\alpha + 1)^2} \; ,$$

was (4.2.52b) beweist. ❑

Wie auch schon Abbildung 4.2.15 zeigt, ergibt (4.2.52) bzw. (4.2.40) die rechtsseitige Umgebungseigenschaft nur für $1 < \alpha < 1+\sqrt{2}$ und die linksseitige nur für $1 < \alpha \leq \sqrt{2} + (\sqrt{5}-1)/2$ im Gegensatz zum Ergebnis der Modellproblemanalyse (3.2.19), das schrittweitenunabhängige Konvergenz für alle $\alpha > 1$ sichert. Dies beruht darauf, daß im Beweis von Lemma 4.2.17 Abschätzung (4.2.42a) die im Nenner stehenden Eigenwerte von M im wesentlichen durch diejenigen von K ersetzt wurden. So sind die Zähler von (3.2.19) und der rechten Seite von (4.2.52) gleich. Da aber nach der numerischen Analyse in Kapitel 5.1.1 die interessanten Werte von α kleiner oder gleich 2 sind, deckt (4.2.52) doch den wichtigsten Bereich ab.

Hiermit ist der Beweis von Satz 4.2.1 vollständig. Im folgenden Abschnitt verallgemeinern wir die vorstehenden Ergebnisse.

4.3 Verallgemeinerung und Diskussion

Der in Abschnitt 4.1 vorgegebene Rahmen macht starke Voraussetzungen. Er ist im wesentlichen dann praktikabel, wenn die Blöcke von K untereinander kommutieren und gerade deren Eigenvektoren als Testvektoren verwendet werden. Dies schränkt den Ansatz stark ein. Andererseits ist er damit doch allgemeiner als die in Abschnitt 4.2 angegebene Verifikation für Matrizen mit konstanten Koeffizienten. So lassen sich auch verschiedene wesentliche Aussagen von Abschnitt 4.2.2 für den Fall verallgemeinern, daß zwar die Blöcke D_i und L_i in (2.2.1) konstante Koeffizienten haben, dabei aber nicht untereinander identisch sind. Dies wird im folgenden diskutiert.

Wir betrachten daher K der Gestalt (2.2.1) mit den Blöcken

$$(4.3.1a) \qquad\qquad D_i := [\,-b_i \ a_i \ -b_i\,]\,,$$

$$(4.3.1b) \qquad\qquad L_i := [\,-l_{1,i} \ l_{0,i} \ -l_{1,i}\,]\,,$$

mit

$$(4.3.1c) \qquad a_i \geq 4l_{1,i} + 2l_{0,i} + 2b_i, \ \ b_i, l_{0,i} > 0, \ l_{1,i} \geq 0, \ l_{0,i} \geq 2l_{1,i}.$$

Dann hat die frequenzfilternde Zerlegung von K mit den Testvektoren $\mathbf{e}_\mu := \hat{\mathbf{s}}_\mu$ und den Testfrequenzen v_0 und v_1, $1 \leq v_{0/1} \leq n$, folgende Eigenschaften.

Lemma 4.3.1:   *Eigenwerte und Eigenvektoren von N.*

Die Restmatrix der frequenzfilternden Zerlegung FF_{1,v_0,v_1} von K aus (4.3.1) mit den Testfrequenzen v_0 und v_1 hat die Eigenvektoren

$$(4.3.2) \qquad\qquad \mathbf{u}_{\mu v} := \mathbf{t}_\mu \otimes \hat{\mathbf{s}}_v \ , \ 1 \leq \mu \leq m, \ 1 \leq v \leq n,$$

mit $\mathbf{t}_\mu$ und $\hat{\mathbf{s}}_v$ wie in Lemma 4.2.8. Die zugehörigen Eigenwerte sind

$$(4.3.3) \qquad n_{\mu v} := 4\,\frac{(l_{0,\mu-1}t_{1,\mu-1} + l_{1,\mu-1}t_{0,\mu-1})^2}{\varphi_{\mu-1}(c_0)\,\varphi_{\mu-1}(c_1)\,\varphi_{\mu-1}(\gamma_v)}\,(\gamma_v - c_0)(\gamma_v - c_1)$$

mit γ_v aus (3.1.2). In den Formeln (4.2.3-5) für die $t_{0/1,\mu}$ und $\varphi_\mu(c_j)$ sind hierbei die Koeffizienten der Blöcke L_i und D_i aus (4.3.1) einzusetzen.

Beweis:

Analog zum Beweis von Lemma 4.2.8.   ❏

Ebenso gilt

Satz 4.3.2:   *Konvergenz von GKFF für K aus* (4.3.1)

Die frequenzfilternden Zerlegung $FF_{p=1,v,v+1}$ *von K aus* (4.3.1) *mit den Testfrequenzen* $v_0 := v$ *und* $v_1 := v+1$ *konvergiert und folglich auch* S_{Π}.

Beweis: Analog zu den Lemmata 4.2.12 und 4.2.13.   ❏

Die Umgebungseigenschaft läßt sich jedoch nicht mit sinnvollen Werten von α sichern. So können hier aufgrund der unter den Blöcken variierenden Koeffizienten keine Monotonieeigenschaften erwartet werden, wie sie der quantitativen Abschätzung (4.2.40) zugrundeliegen. Daher ist für K aus (4.3.1) ein Beweis der Umgebungseigenschaft so nicht möglich.

Hieraus geht hervor, daß die in Abschnitt 4.1 eingeführte Konvergenztheorie einen in doppeltem Sinne recht engen Anwendungskreis hat. Andererseits ist hiermit doch ein Konvergenzbeweis möglich geworden, der über den trivialen Modellfall hinausgeht. Dies insbesondere, als er auch für einen Neunpunktstern zutrifft, für den die in (2.3.2) definierte Rekursion eine zusätzliche Einschränkung darstellt, da hier das Tridiagonalmuster echt für das volle SCHUR-Komplement vorgeschrieben wird, während für einen Fünfpunktstern ein Vorschreiben des Musters für T_{i-1}^{-1} genügt, wie es in (2.2.5) verwendet wurde. Dies hebt den angegebenen Beweis von einer einfachen Modellanalyse ab.

Weiter ist auffallend, daß die hergeleitete Schranke nicht von den Einträgen von K abhängt, sondern nur von α. Solange K also den Vorgaben von (4.2.1) genügt, ist die schrittweitenunabhängige Konvergenz des Verfahrens gesichert. Das gilt insbesondere für das anisotrope Modellproblem (2.1.12) und alle $\varepsilon > 0$. Wir haben damit also gleichzeitig auch die Robustheit von $GKFF_{p=1,\alpha=2}$ für $K_l(\varepsilon)$ aus (2.1.12) bewiesen.

Die zusätzliche Bedingung in (4.2.1c), daß $l_0 \geq 2l_1$ schließt die bilineare Finite-Element-Diskretisierung des LAPLACE-Operators auf rechteckigen Gittern aus. Allerdings ist diese Bedingung nur an der Stelle wesentlich, wo wir am Ende von Lemma 4.2.18 das Wachstumsverhalten der $n_{\mu\nu}$ diskutieren. Gilt dort nur $l_0 \geq l_1$, so kann für sehr rauhe Eigenwerte $n_{\mu\nu}$, $\nu \geq [\, 3n/4\,]$, die zur Abschätzung nötige Monotonie nicht mehr gefolgert werden. Allerdings betrifft das nur die Umgebungseigenschaft für die höchsten Testfrequenzen, also die Glätter im rauhen Bereich. Die ist aber ohnehin unproblematisch, da wegen der $M > 0$ und $N \geq 0$ die Glättungseigenschaft (1.3.5a) gilt. Somit ist die Voraussetzung $l_0 \geq 2l_1$ keine wesentliche Einschränkung der betrachteten Probleme.

Der Beweis läßt sich vergleichen mit speziellen Konvergenzbeweisen für Mehrgitterverfahren, wie etwa WESSELING Beweis in WESSELING [1]. Eine gewisse Ähnlichkeit besteht auch zum Ansatz von BRAESS [1, 2]. Beide Beweise beruhen ebenfalls auf einer Orthogonalzerlegung des „Frequenzraumes". Auch betreffen sie zumindest in ihrer ursprünglichen Form nur spezielle Modellprobleme. Der hier angegebene Beweis hat ebenfalls nicht dieselbe Allgemeinheit wie Hackbusch's Ansatz. So erlaubt er keine umfassende Klassifikation derjenigen Probleme, für die *GKFF* erfolgreich anwendbar ist. Notabene dauerte es aber auch bei den Mehrgitterverfahren Jahre von der ersten Einführung bis zu erstrebten Klassifizierung. Selbst heute noch sind grundlegende Fragen der mathematischen Klassifizierung offen, wie einleitend genauer ausgeführt.

5. Numerische Ergebnisse und Ausblick

Jedes numerische Verfahren steht und fällt mit seiner praktischen Verwendbarkeit und Bedeutung, unbeschadet aller mehr oder weniger schönen theoretischen Eigenschaften oder deren Beweisbarkeit. Wir kommen daher jetzt zum eigentlichen Kernstück der Arbeit, zu den Ergebnissen der numerischen Testrechnungen.

5.1 Symmetrische Probleme

Da die bisher vorgestellten Algorithmen ursprünglich für symmetrische Probleme formuliert sind, beginnen wir mit Tests für Probleme des Typs

$$(5.1.1) \qquad \text{div} \, (\, \varphi(x,y) \, \text{grad} \, u) = f \; \text{ in } \Omega,$$

$$u|_{\partial\Omega} = g.$$

Zur Diskretisierung unterteilen wir Ω durch ein äquidistantes kartesisches Gitter und verwenden einen linearen finite-Volumen-Ansatz (vgl. HACKBUSCH [14], HEINRICH [1]). Hierzu umgeben wir die Gitterpunkte mit Integrationsvolumina V_i wie in Abb. 5.1.1 gezeigt.

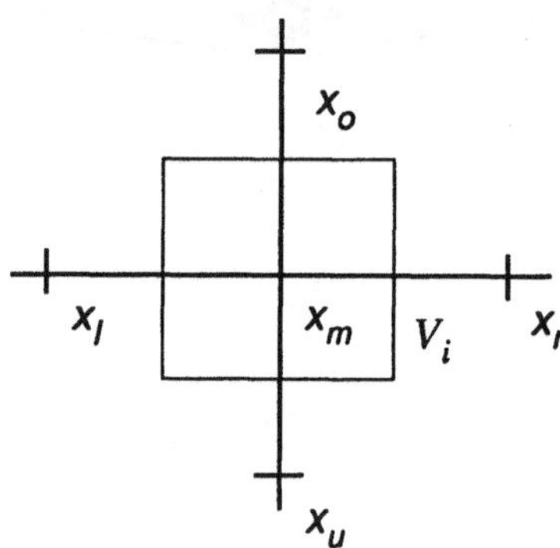

Abbildung 5.1.1: *Gitterzelle V_i*

Für ein stückweise aus Rechtecken bestehendes Gebiet Ω ist bei entsprechender Modifikation am Rand $\Omega = \cup V_i$. Dies führt nach partieller Integration auf

$$\int_\Omega \mathrm{div}(\varphi \nabla u)\,dV = \sum_{i=1}^n \int_{\partial V_i} \varphi\,\frac{\partial u}{\partial n}\,ds\;.$$

Approximiert wird dieses Integral durch

$$(5.1.2)\qquad \int_{\partial V_i} \varphi\,\frac{\partial u}{\partial n}\,ds \approx \begin{bmatrix} & -s_o & \\ -s_l & s_l+s_r+s_o+s_u & -s_r \\ & -s_u & \end{bmatrix} u_h,$$

mit der durch Werte in den Gitterpunkten definierten Gitterfunktion u_h und

$$s_u = \frac{\varphi(x_u)+\varphi(x_m)}{2},$$
$$s_l = \frac{\varphi(x_l)+\varphi(x_m)}{2},$$
$$s_r = \frac{\varphi(x_r)+\varphi(x_m)}{2},$$
$$s_o = \frac{\varphi(x_o)+\varphi(x_m)}{2}.$$

Der einfacheren Programmierung halber legten wir den Testrechnungen $\Omega = (0,1)\times(0,1)$ zugrunde. Allerdings sei betont, daß sich auf komplexen Gebieten mit problemangepaßten Gittern durchaus auch Matrizen mit der geforderten Struktur konstruieren lasseen, die einen effizienten Einsatz unvollständiger Zerlegungen und verwandter Verfahren ermöglichen. Hier sei auf die Berechnung der Eigenschwingungen des Bodensees in SAUTER-WITTUM [1] hingewiesen. Bei der Transformation eines problemangepaßten Gitters auf ein festes Rechengebiet entstehen oft Probleme mit stark variierenden Koeffizienten. Solche Probleme sind in Abschnitt 5.1.2 ausführlich behandelt.

Zeilenweise lexikographische Numerierung des in (5.1.2) abgeleiteten Sterns führt auf eine Block-Tridiagonalmatrix K wie in (2.2.1) angegeben.

5.1.1 Fünfpunktstern mit konstanten Koeffizienten

Zunächst geben wir die Ergebnisse für Modellproblem (2.1.12, $\varepsilon=1$) an, d.h. wir wählen in (5.1.1)

(5.1.3) $$\varphi(x,y) := 1.$$

Abbildung 5.1.2 zeigt die Konvergenzrate

$$\rho_i = \frac{\|Ku_i - f\|}{\|Ku_{i-1} - f\|}$$

der Iterierten u_i in Schritt i von $GKFF_{p=1,\alpha=2}$ aus (5.1.3) wobei für i jeweils der letzte noch durchgeführte Schritt gewählt wurde. Abbildung 5.1.3 zeigt den entsprechenden Konvergenzverlauf.

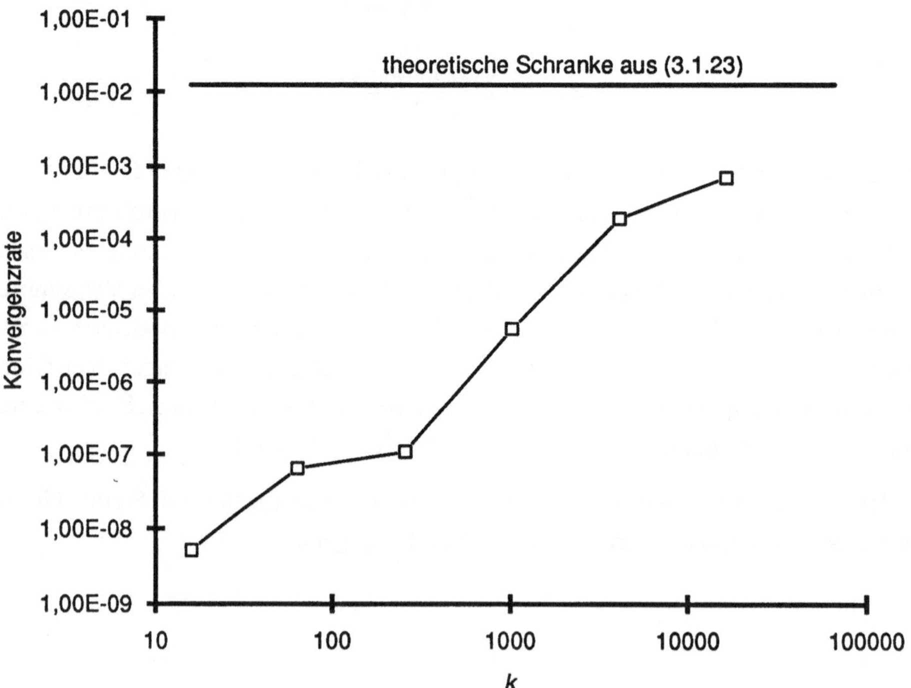

Abbildung 5.1.2: *Konvergenzrate von $GKFF_{p=1,\alpha=2}$ für Problem (2.1.12, $\varepsilon=1$) abhängig von der Anzahl der Gitterpunkte k.*

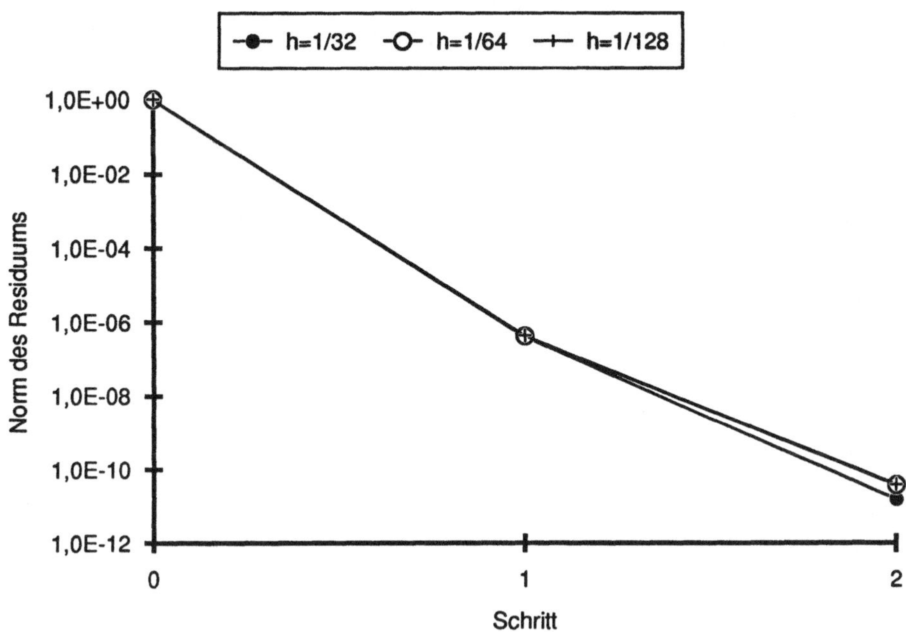

Abbildung 5.1.3: *Konvergenzverlauf von GKFF$_{p=1,\alpha=2}$ für Problem (2.1.12,ε=1).*

Die Ergebnisse machen deutlich, daß $GKFF_{p=1,\alpha=2}$ für dieses Modellproblem nahezu exakt ist. Allerdings wächst die Konvergenzrate im letzten Schritt ein wenig mit der Gitterfeinheit, liegt aber auch auf dem feinsten von uns verwendeten Gitter mit n=16384 Gitterpunkten um eine Größenordnung unter der durch Fourieranalyse in Kapitel 3.2 hergeleiteten Schranke 1/81, wie aus Abb. 5.1.2 ersichtlich. Dieser Effekt wurde schon bei der Untersuchung des Maximums von $\kappa_{k,\ell}^{(\nu,\infty)}$ in (3.2.16) im Beweis von Lemma 3.2.12 und den Abbildungen 3.2.13 deutlich, da $\kappa_{k,\ell}^{(\nu,\infty)}$ monoton wächst in ν und somit erst für $\nu \to \infty$ maximal wird.

Daß wir einen quasi exakten Löser konstruiert haben, legt folgende Interpretation nahe. $GKFF_{p=1,\alpha=2}$ läßt sich auch verstehen als vereinfachter Spektrallöser. Dies ist ja bekanntlich ein exakter Löser, das ja auch auf den Eigenvektoren $\hat{s}_\nu$ beruht. Allerdings werden dort alle Eigenvektoren verwendet. Unser Verfahren vereinfacht dies erheblich. Entsprechend läßt es sich auch als „unvollständiger Spektrallöser" auffassen, obwohl der ursprüngliche Ansatz einen ganz anderen Ausgangspunkt hatte.

Im folgenden verwenden wir häufig die Begriffe „*mittlere Konvergenzrate*" und
„*relative mittlere Konvergenzrate*". Diese sind wie folgt zu verstehen. Mittlere Konvergenzrate bezeichnet hierbei die über alle bis zum Erreichen des Rundungsfehlers ausgeführten Schritte gemittelte Rate. Werden ι Schritte ausgeführt, so ist sie gegeben durch

$$\overline{\rho}_\iota \;:=\; \sqrt[\iota]{\frac{\|Ku_\iota - f\|}{\|Ku_0 - f\|}}\;.$$

Unter der relativen mittleren Konvergenzrate bzgl. der Aufwandseinheit A verstehen wir

$$\rho'_{\iota,\frac{A}{A'}} \;:=\; \sqrt[\frac{A}{A'}]{\overline{\rho}_\iota}\,,$$

wobei A' für den Aufwand eines Iterationsschrittes steht.

In Abbildung 5.1.4 ist die Abhängigkeit der relativen Konvergenzrate (d.h. der auf einen
Block-ILU-Schritt standardisierten Konvergenzrate) von $GKFF_{p=1,\alpha}$ aus Abschnitt 2.5
von α aufgetragen.

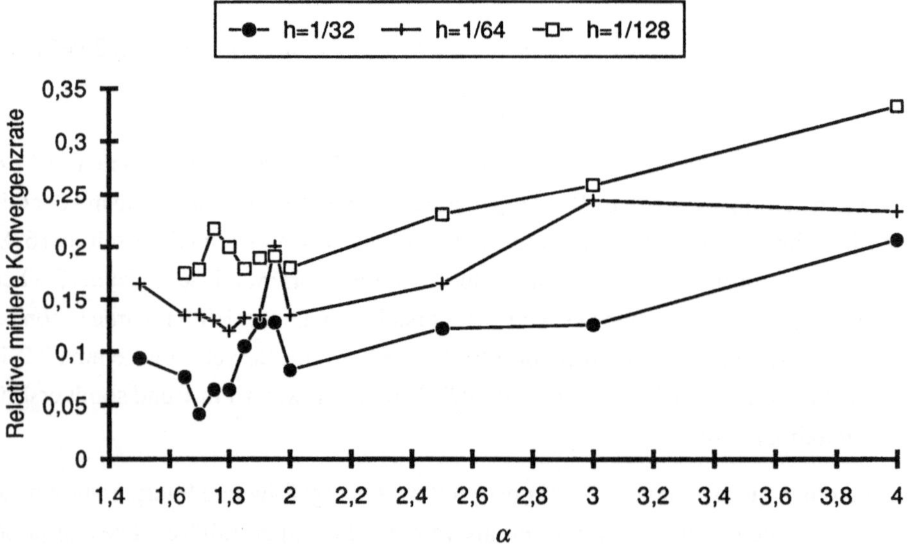

Abbildung 5.1.4: *Abhängigkeit der relativen mittleren Konvergenzrate,*
bezogen auf einen FF-Schritt als Aufwandseinheit, von $GKFF_{p=1,\alpha}$
von α, für verschiedene Werte von h..

Die Notwendigkeit, für nicht ganzzahlige Werte von α zu runden, und weitere diskrete Prozesse, wie etwa die Anzahl der Iterationsschritte und das schnelle Erreichen des Rundungsfehlers führen zu den auffallenden Spitzen in den Kurven. So rührt die Spitze bei $\alpha=1.95$ und $h=1/32$, $1/64$ daher, daß bei $\alpha=2$ jeweils ein Frequenzfilterschritt wegfällt, dessen Testfrequenz v vorher schon so weit in die Nähe von n gerückt ist, daß der entsprechende Schritt kaum noch etwas beiträgt. Es wird deutlich, daß $\alpha=2$ zwar nicht ganz optimal ist, jedoch durchaus in dessen Nähe liegt. Das Optimum liegt zwischen 1.65 und 1.8. Auch wird deutlich, daß für feinere Schrittweiten der optimale Wert kleiner wird, wie in Abschnitt 3.1 erläutert.

Allerdings sollte bei der Auswahl von α nicht nur ein derartiger Test zugrundegelegt werden. Hier wird nämlich davon ausgegangen, daß genügend Speicher zur Verfügung steht, um die Zerlegungen einmal zu Beginn auszurechnen und abzuspeichern. Dies bedeutet nicht nur einen logarithmischen Rechenaufwand, sondern auch einen entsprechenden Speicheraufwand. Steht nicht genug Speicher zur Verfügung, wird man α sinnvollerweise so wählen, daß ein möglichst großer Teil der Zerlegungen abgespeichert werden kann. Andernfalls wäre der Rechenaufwand entsprechend höher und damit die Effizienz geringer.

In Abschnitt 3.1 haben wir das Diagonalschema, also $GKFF_{p=0,\alpha}$ aus Abschnitt 2.5, analysiert. Dies wird für $\alpha=2$ in Abbildung 5.1.5 dem bisher verwendeten Tridiagonalschema $GKFF_{p=1,\alpha}$ gegenübergestellt. Da das Diagonalschema nur alternierend angewandt werden kann, ist der Aufwand für einen Schritt dieses Schemas doppelt so hoch wie für einen Schritt von $GKFF_{p=1,\alpha}$, was deutlich in Abbildung 5.1.5 zum Ausdruck kommt. Dennoch gibt es durchaus sinnvolle Anwendungen für das Diagonalschema, so etwa sehr große Probleme, die zeilen- und spaltensymmetrisch sind, so daß für eine Testfrequenz nur eine Zerlegungsmatrix T berechnet und gespeichert werden muß. Interessant ist auch, daß das optimale α hier wesentlich größer ist. Dies spricht ebenfalls für einen Einsatz des Diagonalschemas, wenn wenig Speicherplatz zur Verfügung steht. Nichtsdestoweniger ist das Tridiagonalschema bei weitem effizienter. Dies rechtfertigt, daß wir uns in den unten beschriebenen Anwendungen auf das Tridiagonalschema konzentrieren.

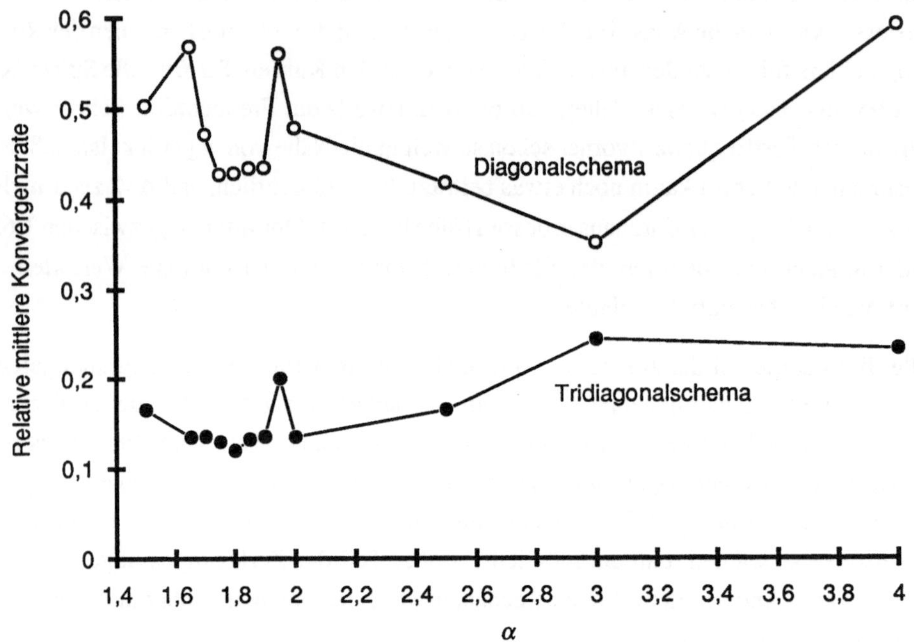

Abbildung 5.1.5: *Vergleich zwischen Tridiagonal- und Diagonalschema*
für h=1/64. Angegeben sind jeweils relative Konvergenzraten,
bezogen auf einen Frequenzfilterschritt.

Weiter haben wir *GKFF* mit dem bereits in WITTUM [10] vorgestellten Glätter-Korrektor-Verfahren *gkf_alt* verglichen. Abbildung 5.1.6 zeigt einen Vergleich der relativen Konvergenzraten. Deutlich ist zu sehen, daß sich unsere Überlegungen zur Verbesserung des ersten in Abschnitt 2.2 beschriebenen Glätter-Korrektor Ansatzes auszahlen ganz abgesehen von der in den Kapiteln 3 und 4 untersuchten Asymptotik. Ein weiterer Vorteil von $GKFF_{p=1,\alpha}$ ist, daß auf ein Alternieren verzichtet werden kann. Der alternierende Einsatz ist insbesondere für Parallel- oder Vektorrechner nachteilig, ist aber auch problematisch im Falle speziell numerierter unstrukturierter Gitter.

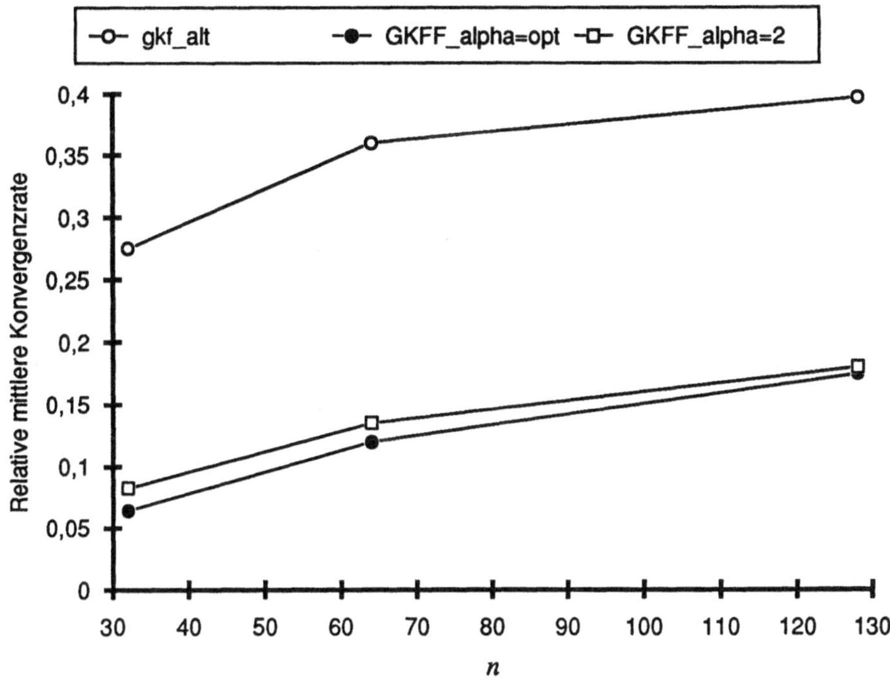

Abbildung 5.1.6: *Vergleich zwischen* $GKFF_{p=1,\alpha=2}$ *und gkf_alt aus Abschnitt 2.2. Angegeben sind jeweils relative Konvergenzraten.*

Einen entsprechenden Vergleich mit einem üblichen Mehrgitterverfahren zeigt Abbildung 5.1.8. Hierzu wurde ein Mehrgitterverfahren mit bilinearen Gittertransfers, $ILU_{\beta=0.45}$-Glättung, V-Zyklus und einem Vor- und einem Nachglättungsschritt herangezogen. Als Aufwandsverhältnis zwischen einem ILU_β-Schritt und einem FF-Schritt wurde ein Faktor 22/27 ermittelt. Beide Iterationen wurden dabei in Form (2.1.3) geschrieben, da spezielle Umformungen der Punkt-ILU Variante nur für das vorliegende Modellproblem sinnvoll sind und den Vergleich zu stark spezialisieren würden. Insgesamt führt dies auf folgende Aufwandsverhältnisse zwischen einem Mehrgitterschritt und einem Schritt von $GKFF_{p=1,\alpha}$:

Schrittweite	α	Faktor
1/64	1,8	22/49
1/64	2	11/27
1/128	1,65	22/81
1/128	2	22/49

Tabelle 5.1.7: *Verhältnis zwischen dem Aufwand für einen Mehrgitterschritt und einem Schritt von $GKFF_{p=1,\alpha}$*

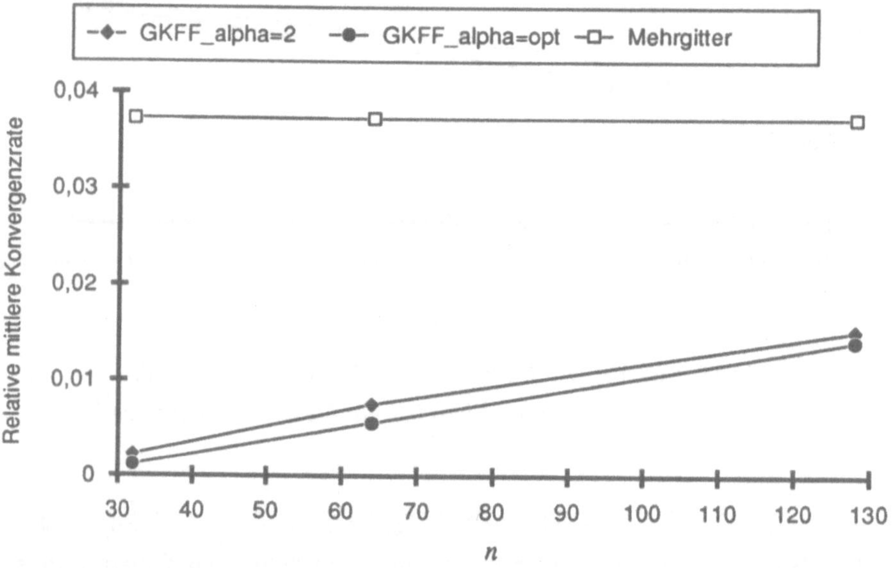

Abbildung 5.1.8: *Vergleich von $GKFF_{p=1,\alpha}$ für $\alpha=2$ und α_{opt} mit dem im Text beschriebenen Mehrgitterverfahren. Angegeben ist die mittlere Konvergenzrate relativ zu einem Mehrgitterschritt.*

Das Bild ändert sich, sobald der Aufwand zum Berechnen der Zerlegungen bei beiden Verfahren einbezogen wird, wie Abbildung 5.1.9 zeigt. Den Zerlegungsaufwand haben wir hier in Höhe jeweils einer ILU_β-Zerlegung bzw. eines Frequenzfilterschrittes veranschlagt. Hier wandert nun der Überschneidungspunkt, jenseits dessen das asymptotisch optimale Mehrgitterverfahren überlegen ist, deutlich nach links. Bedenkt man aber, daß das Testproblem für das Mehrgitterverfahren günstig ist, so ergibt sich auch aus Abbildung 5.1.9 die Konkurrenzfähigkeit des Glätter-Korrektor-Verfahrens auf Frequenzfilterbasis, $GKFF_{p=1,\alpha}$, auch gegenüber einem hocheffizienten Mehrgitterverfahren für Gitter mittlerer Feinheit, wie sie hier untersucht wurden. Dies schafft eine gute Ausgangsbasis für die Anwendung unseres Verfahrens auf komplexere Probleme, wo das Mehrgitterverfahren aufgrund einer mangelhaften Grobgitterkorrektur schlechter wird.

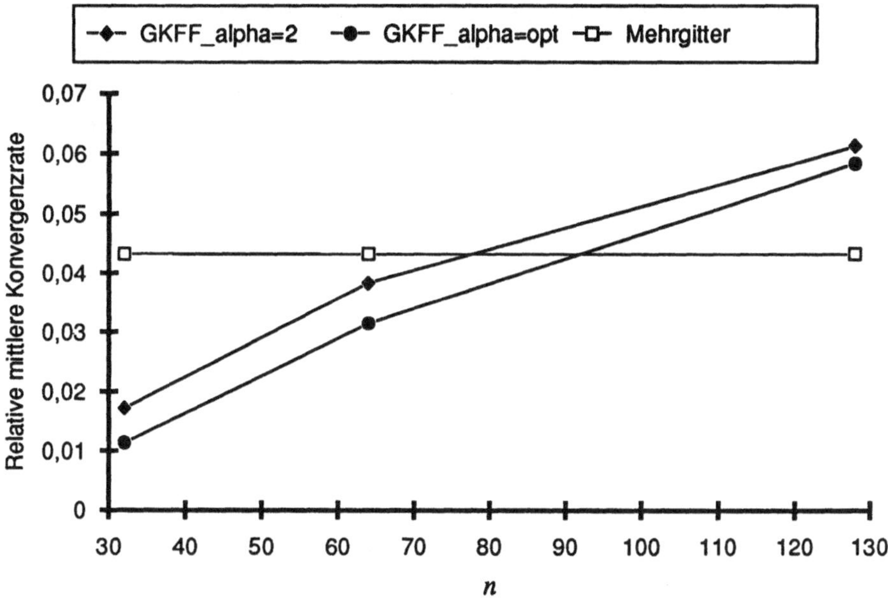

Abbildung 5.1.9: *Vergleich von $GKFF_{p=1,\alpha}$ für $\alpha=2$ und α_{opt} mit dem im Text beschriebenen Mehrgitterverfahren wie in Abb. 5.1.8. Hier ist zusätzlich der Aufwand zum Berechnen der Zerlegungen berücksichtigt.*

Einleitend haben wir auf die Bedeutung der Robustheit im Kontext singulär gestörter Probleme hingewiesen. Als Modell dient hier ebenfalls (2.1.12), nun mit $\varepsilon \neq 1$. Wendet man $GKFF_{p=1,\alpha}$ hierauf an, so hat man für sehr große wie sehr kleine Werte von ε in der Tat einen exakten Löser gefunden, der innerhalb eines Schrittes den Rundungsfehler erreicht. Dies trifft auch auf *gkf_alt* aus (2.2.6) zu. Im oben ausführlich diskutierten Fall $\varepsilon=1$ ist die Konvergenz verhältnismäßig am schlechtesten. Daher erübrigen sich graphische Darstellungen.

5.1.2 Probleme mit variablen Koeffizienten

Bisher bewegten sich unsere Tests wie die übrigen Betrachtungen ganz im Rahmen des einfachen Modells, wo die verwendeten Testvektoren gerade die Eigenvektoren der einzelnen Blöcke sind. Wäre dies notwendig für unser Verfahren, hätte die Arbeit nicht geschrieben zu werden brauchen. Daher haben wir Glätter-Korrektor-Verfahren wie auch schon in WITTUM [10] auf eine größere Klasse von Problemen angewendet. In WITTUM [10] beschreiben wir die Anwendung von *gkf_alt* angewandt auf Probleme des Typs (5.1.1) mit nichtkonstantem $\varphi(x,y)$. Die Ergebnisse waren schon dort recht verheißungsvoll und zeigten, daß die Effizienz gegenüber dem einfachen Modell kaum abfällt. Im folgenden greifen wir diese Ergebnisse auf und erweitern sie.

Beispiel 1:

Wir wählen

$$(5.1.4) \qquad \varphi(x,y) \; := \; q(x(1\text{-}x) + y(1\text{-}y)) + 1 \;\; \text{für } q > 0.$$

Mit φ aus (5.1.4) ist (5.1.1) elliptisch. Entsprechend ist die Diskretisierungsmatrix M-Matrix. Abbildung 5.1.10 zeigt den Konvergenzverlauf von $GKFF_{p=1,\alpha=2}$ für Problem (5.1.1) mit φ aus (5.1.4), $q \in \{1, 1000\}$ und $h = 1/32$, $1/64$ und $1/128$. Auch hier genügen maximal 4 Schritte zum Lösen bis auf Rundungsfehlergenauigkeit. Die Abhängigkeit der Konvergenzrate von q demonstriert Abbildung 5.1.11 für $h=1/64$. Offensichtlich ist die Abhängigkeit von q geringer als man aufgrund der starken Koeffizientenunterschiede erwarten würde. Es tritt klar hervor, daß das Verfahren auch ohne die Kenntnis der Eigenvektoren hocheffizient ist.

Die folgenden Beispiele sind von anderer Art. Sie sind nicht mehr gleichmäßig elliptisch, sondern weisen an den Rändern Entartungen auf, die aber durch die vorgeschriebenen Randbedingungen kompensiert werden. Die so entstehenden Gleichungssysteme können durchaus als Modelle für komplexere Situationen dienen, wie sie bei der Lösung singulär gestörter Probleme mit dominierender Störung auftreten und dort zu Ineffizienz oder gar Divergenz des Mehrgitterprozesses führen. Zu nennen sind hier die Berechnung kompressibler Strömungen im trans- und hypersonischen Bereich (vgl. HÄNEL [1], HÄNEL ET AL. [1]) und die Lösung der Drift-Diffusions-Gleichungen aus der Halbleitersimulation (vgl. BANK-CHAN-COUGHRAN-SMITH [1]). Wegen der Unsymmetrie der erwähnten Probleme sei auf Abschnitt 5.2 verwiesen.

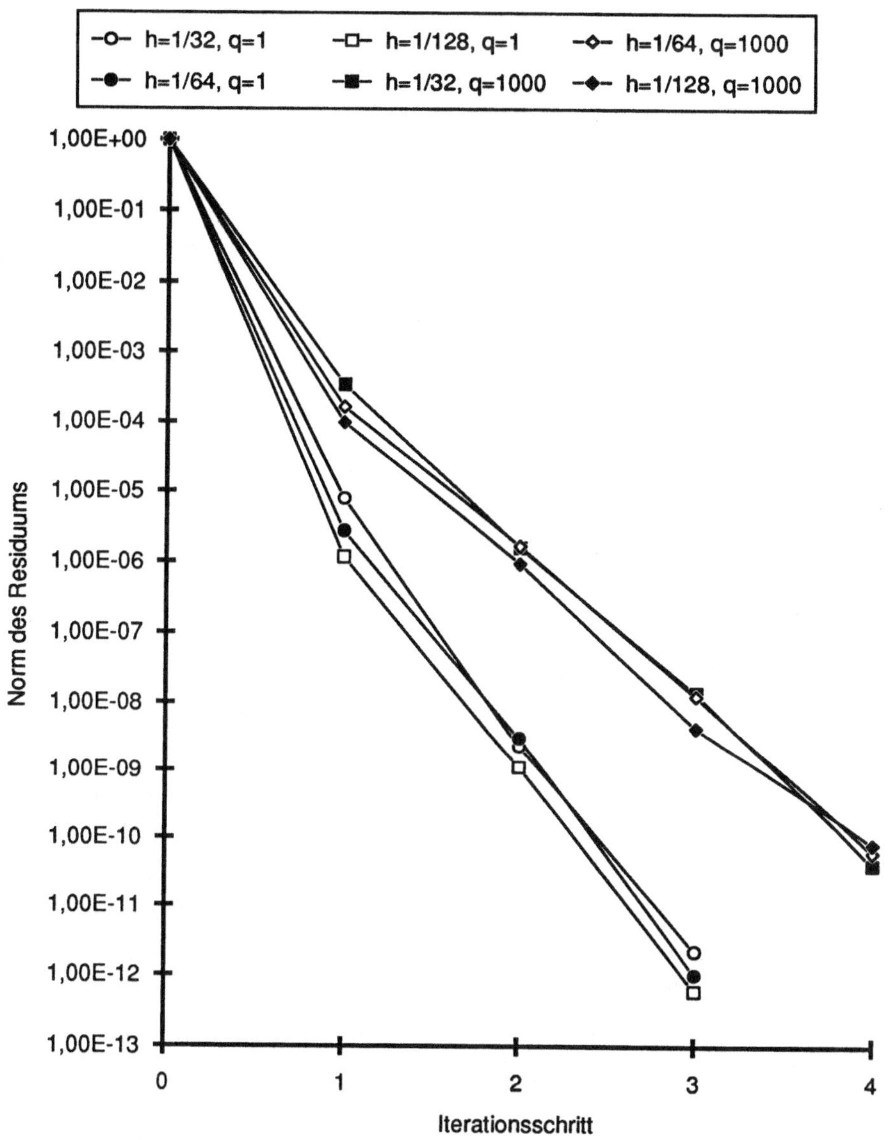

Abbildung 5.1.10: *Konvergenzverlauf von GKFF$_{p=1,\alpha=2}$ für Problem* (5.1.1) *mit $\varphi(x,y)$ gemäß* (5.1.4) *für h=1/32, 1/64 und 1/128.*

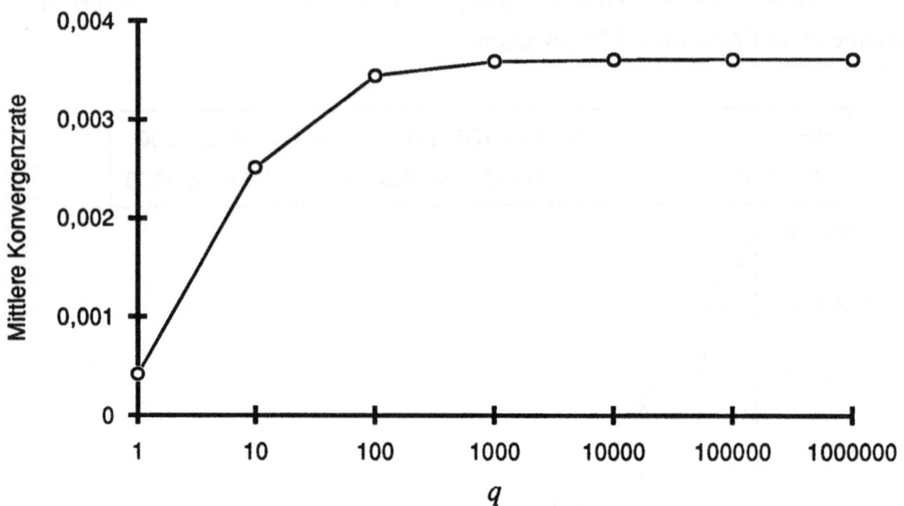

Abbildung 5.1.11: *Abhängigkeit der Konvergenzrate von q
bei Problem* (5.1.1) *mit* $\varphi(x,y)$ *aus* (5.1.4), *h*= 1/64.

Beispiel 2:

Ein weiteres, für ein Mehrgitterverfahren recht kritisches Testbeispiel ist

$$(5.1.5) \qquad\qquad \varphi(x,y) := \tan\ (x\ \pi/2)\ .$$

Das entsprechende Problem ist nicht mehr gleichmäßig elliptisch, da $\varphi(0,0) = 0$ und
$\varphi(x,y) \to \infty$ für $(x,y) \to (1,1)$. Das diskrete System ist jedoch noch positiv definit, da
wegen der DIRICHLET-Randbedingung das Gitter den Abstand $h > 0$ vom Rand hat. Weil
das kontinuierliche Problem am Rand entartet, hat ein Mehrgitterverfahren trotz robuster
ILU-Glättung keine schrittweitenunabhängige Konvergenzrate mehr, wie aus Abbildung 5.2.12 hervorgeht. Wie schon in WITTUM [10] berichtet, hat jedoch *gkf_alt* aus Abschnitt 2.2 hervorragende Konvergenzeigenschaften. Konvergenzverhalten und Konvergenzfaktor sind in den Abbildungen 5.1.13 und 5.1.14 dargestellt. Tabelle 5.1.15
zeigt die Überlegenheit des Frequenzfilteransatzes für dieses Problem. Hierbei sei bemerkt, daß dieses Problem trotz seines unphysikalischen Charakters durchaus ein reali-
stisches Modell von Gleichungssystemen liefert, wie sie bei der Diskretisierung von
singulär gestörten Problemen auftreten können.

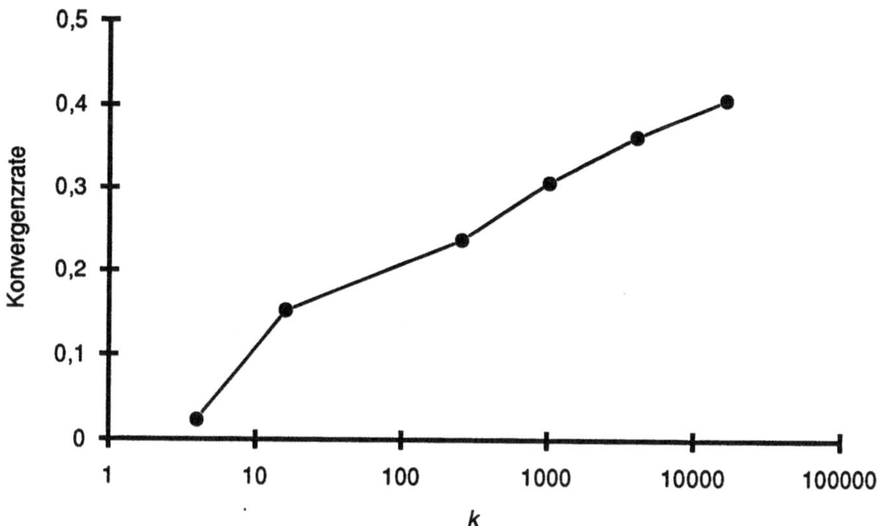

Abbildung 5.1.12: *Mittlerer Konvergenzfaktor des Mehrgitterverfahrens für Problem (5.1.1) mit $\varphi(x,y)$ aus (5.1.5).*

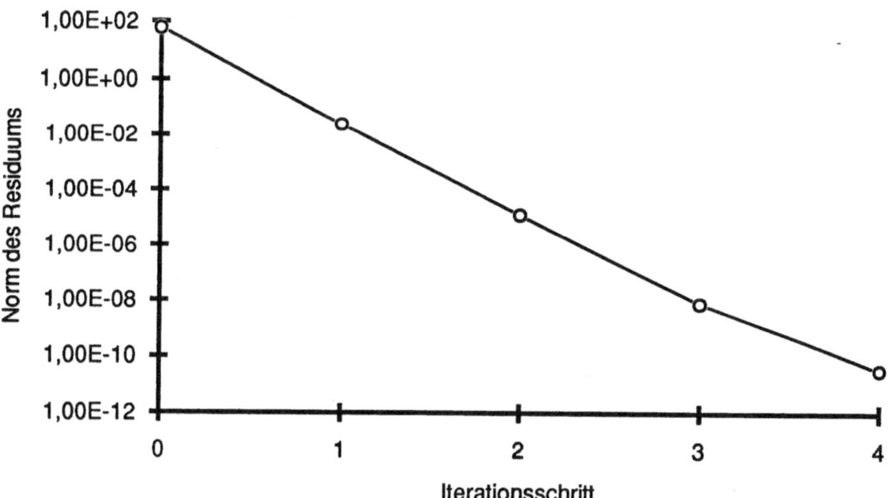

Abbildung 5.1.13: *Konvergenzverlauf von gkf_alt für Problem (5.1.1) mit $\varphi(x,y)$ aus (5.1.5) und $k=127^2$.*

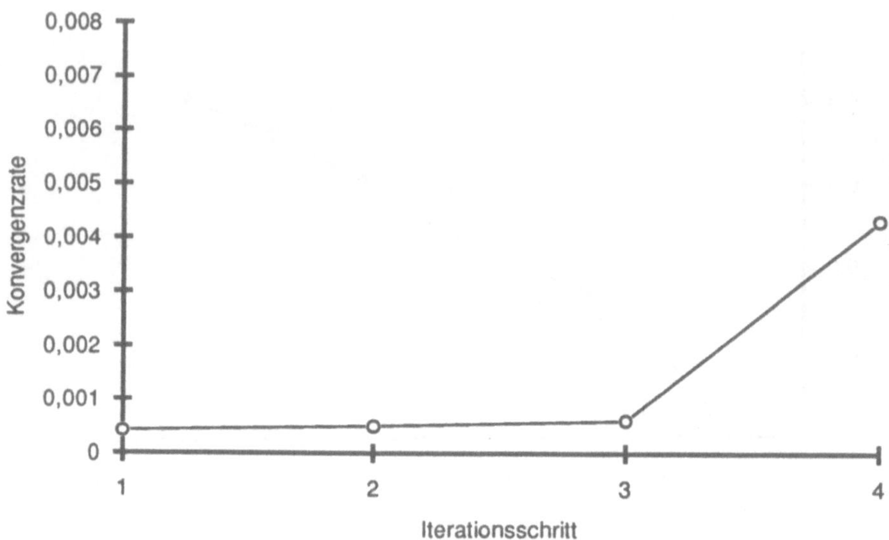

Abbildung 5.1.14: *Konvergenzfaktor von gkf_alt für Problem (5.1.1) mit $\varphi(x,y)$ aus (5.1.5), $k = 127^2$.*

Vergleicht man die relativen mittleren Konvergenzraten bezogen auf den Aufwand eines Mehrgitterschrittes, so ergibt sich für $h=1/128$

Mehrgitter	*gkf_alt*
4,07E-01	9,65E-03

Tabelle 5.1.15: *Mittlerer Konvergenzfaktor für Problem (5.1.1) mit $\varphi(x,y)$ gemäß (5.1.5). Die Faktoren sind bezogen auf den Aufwand eines Mehrgitterschrittes.*

Beispiel 3:

Ein weiteres kritisches Problem ist gegeben durch

$$(5.1.6) \qquad \varphi(x,y) := 1 - e^{-xy}.$$

Wieder strebt $\varphi(x,y)$ gegen 0 für $(x,y) \rightarrow (0,0)$. Wie in Beispiel 2 hat das Mehrgitterverfahren ($ILU_{\beta=0.45}$-Glättung, V-Zyklus, $\nu_1=1$, $\nu_2=2$) Schwierigkeiten wegen der schlechter werdenden Grobgitterkorrektur. Allerdings sind diese hier nicht ganz so deutlich ausgeprägt wie in Beispiel 2. Die Abbildungen 5.1.16 bis 5.1.19 zeigen Konvergenzverlauf und Konvergenzrate von *gkf_alt*, $GKFF_{p=1,\alpha=2}$, $GKFF\_alt_{p=1,\alpha=2}$ und dem entsprechenden Mehrgitterverfahren. Ein Vergleich, standardisiert auf den Aufwand eines Mehrgitterzyklus ist in Abbildung 5.1.20 angegeben. Offensichtlich wirkt sich das Alternieren hier positiv aus, während es nicht empfehlenswert ist, mehr als nur das Nötigste zu tun. Entsprechend schneidet *gkf_alt* hier am besten ab.

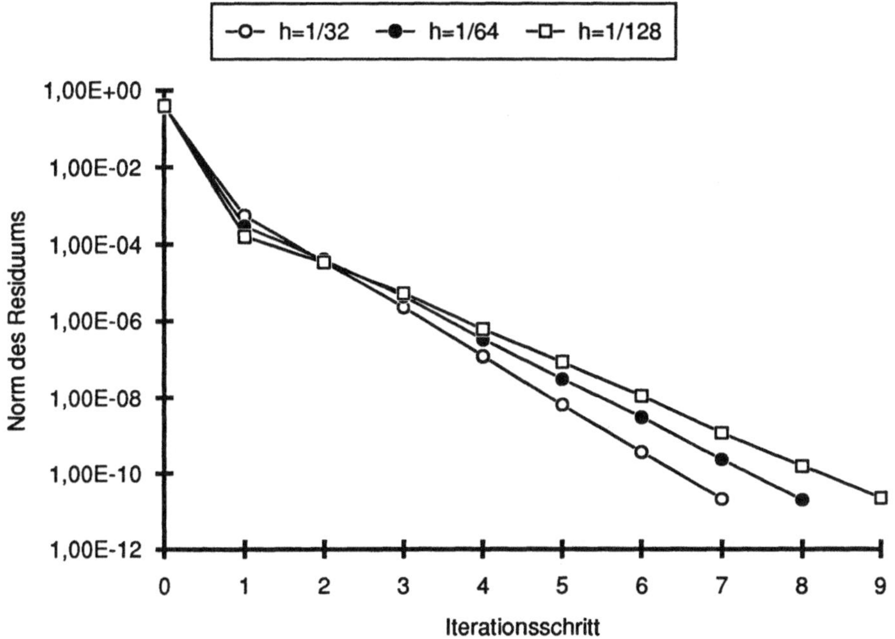

Abbildung 5.1.16: *Konvergenzverlauf von* $GKFF_{p=1,\alpha=2}$ *für Problem* (5.1.1) *mit* $\varphi(x,y)$ *aus* (5.1.6).

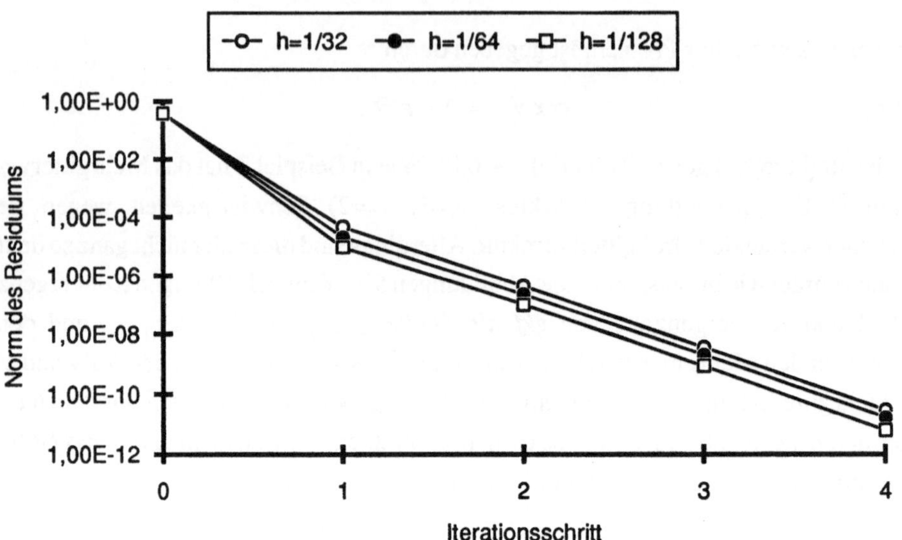

Abbildung 5.1.17: *Konvergenzverhalten von GKFF_alt$_{p=1,\alpha=2}$ für Problem (5.1.1) mit $\varphi(x,y)$ aus (5.1.6),*

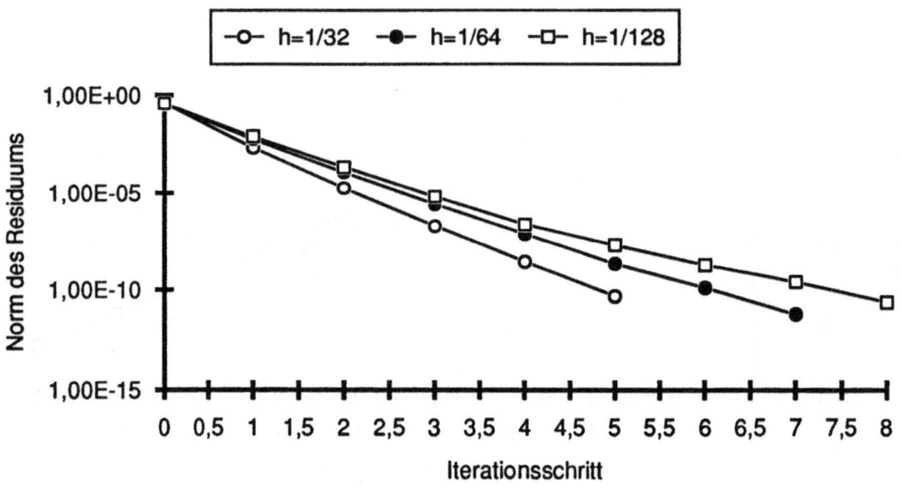

Abbildung 5.1.18: *Konvergenzverlauf von gkf_alt für Problem (5.1.1) mit $\varphi(x,y)$ aus (5.1.6),*

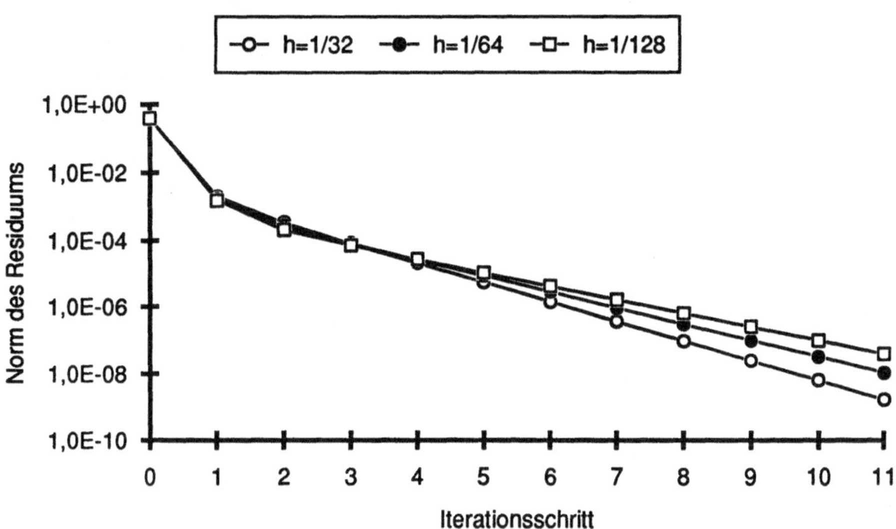

Abbildung 5.1.19: *Konvergenzverlauf des Mehrgitterverfahrens für Problem (5.1.1) mit $\varphi(x,y)$ aus (5.1.6).*

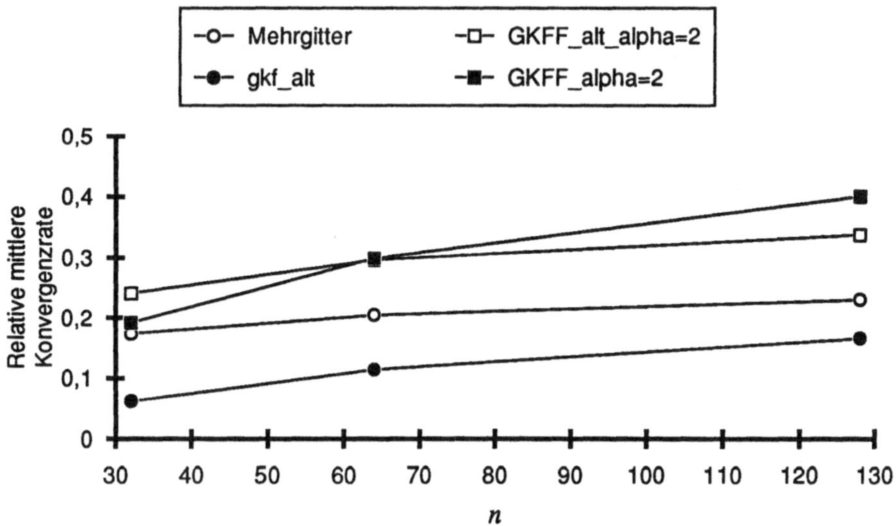

Abbildung 5.1.20: *Vergleich der mittleren Konvergenzraten der vier V erfahren. Die Raten sind bezogen auf den Aufwand eines Mehrgitterzyklus.*

Es mag erstaunen, daß das Mehrgitterverfahren doch noch vergleichsweise gut ist. Man bedenke aber, daß allen diesen Vergleichen schon ein robustes Glättungsverfahren zugrunde liegt, aus dem letzten Endes auch das Frequenzfilterverfahren entwickelt ist. Weiter zeigt Abbildung 5.1.20 auch, daß unser bisher so erfolgreicher Algorithmus $GKFF_{p=1,\alpha}$ kein Patentrezept ist, das in allen Lebenslagen optimal hilft. Ein weiteres Beispiel hierfür ist im folgenden diskutiert.

Beispiel 4:

Wir wählen für $k \geq 1$

$$(5.1.7) \qquad \varphi_k(x,y) := 100*(\sin(k{\cdot}x{\cdot}\pi/2)\sin(k{\cdot}y{\cdot}\pi/2) + 1) + 1 .$$

Natürlich ist auch dieses Problem nur dann sinnvoll, wenn $n >> k$. In der Praxis haben wir jedoch mit Problemen zu tun, deren Diskretisierung Gleichungssysteme liefert, die dem Löser vergleichbare Schwierigkeiten in den Weg legen. Abbildung 5.1.21 zeigt die Abhängigkeit der Konvergenzrate von den Oszillationen k der Koeffizientenfunktion φ für $0 \leq k \leq 9$ auf einem Gitter mit Schrittweite $h= 1/64$.

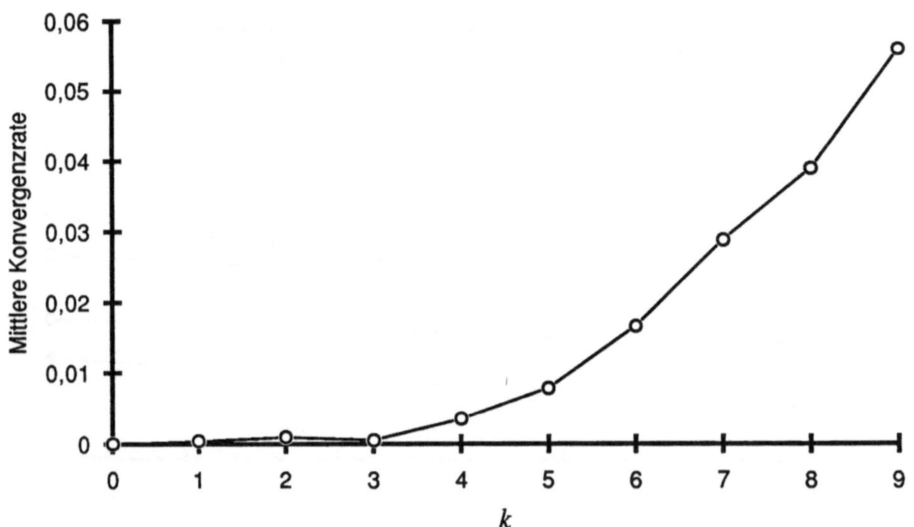

Abbildung 5.1.21: *Abhängigkeit der Konvergenzrate von $GKFF_{p=1,\alpha=2}$ für Problem (5.1.1) mit $\varphi(x,y)$ aus (5.1.7).*

Deutlich ist zu sehen, daß sich das Konvergenzverhalten von $GKFF_{p=1,\alpha=2}$ verschlechtert für größer werdendes k. Dies ist ein von anderen Verfahren wohlbekannter Effekt. Bei Mehrgitterverfahren tritt er wegen der erwähnten Verschlechterung der Grobgitterkorrektur auf. Bei der Methode der konjugierten Gradienten werden die Winkel zwischen den Suchrichtungen so schlecht, daß der Prozeß kaum noch fortschreitet. Beim Frequenzfilterverfahren hat das Schlechterwerden folgenden Grund: Die zum Testen verwendeten Testvektoren sind eine Basis des Fehlerraumes. Insbesondere die niederfrequenten Vektoren vertreten die Fehleranteile, die von einfachen Verfahren schlecht reduziert werden. In Iterationsvorschrift (2.1.3) wird die angenäherte Inverse M^{-1} jedoch angewandt auf ein Element des Bildraumes. Offensichtlich sind für größere Werte von k die Bilder glatter Vektoren nicht mehr glatt. Folglich haben die verwendeten Testvektoren $\hat{s}_\nu$ für wachsendes k immer weniger mit dem eigentlichen Problem zu tun, was die Verschlechterung der Konvergenzrate für diesen Fall erklärt. Hieraus wird auch nochmals deutlich, daß es günstig ist, die Eigenvektoren der Blöcke als Testvektoren zu verwenden, da so die Basis des Fehlerraumes mit der des Bildraumes optimal verknüpft ist. Entfernen sich die Testvektoren von den Eigenvektoren, so mindert das zunächst die Qualität des Verfahrens kaum. Erst wenn die oben erwähnte substantielle Änderung eintritt, also das Bild glatter Vektoren nicht mehr glatt ist, wird die Verschlechterung deutlich. Allerdings konvergiert das Verfahren selbst dann noch durchaus akzeptabel, nur lohnt dann der Aufwand für das volle Verfahren nicht mehr. Es sollte dann auf *gkf_alt* zurückgegriffen werden.

Dies ist m.E. die Crux des Verfahrens. Hier sind weitere Forschungen geboten. Erste Versuche sind zwar schon im Gang, jedoch bislang nicht abgeschlossen. Sie werden Gegenstand künftiger Arbeiten sein.

Alle drei erwähnten Verfahren (Mehrgitter, konjugierte Gradienten und *GKFF*) leiden folglich unter der gleichen Schwäche. Der Grund hierfür ist jedoch vor allem darin zu sehen, daß alle diese Verfahren sich am gleichen Paradigma orientieren und nicht etwa an einer grundlegenden Gleichheit. Gerade hier hat der Filteransatz durch die Verwendung zunächst nicht festgelegter Vektoren e_ν einen hohen Grad von Flexibilität, den die anderen Verfahren nicht in dieser Weise haben. Dies ist ein weiterer wesentlicher Vorteil des Frequenzfilteransatzes.

5.2 Unsymmetrische Probleme

Weiter oben haben wir erwähnt, daß der Frequenzfilteransatz auf singulär gestörte Probleme angewandt werden soll. Diese sind jedoch großenteils unsymmetrisch, insbesondere diejenigen aus der Strömungsmechanik oder Halbleitersimulation. Bislang jedoch ist der Algorithmus nur auf symmetrische Probleme zugeschnitten. So wird in Definition 2.3.1, der Definition der frequenzfilternden Zerlegungen, von vornherein Symmetrie vorausgesetzt. Eine Anwendung dieses symmetrischen Verfahrens als angenäherte Inverse auf das unsymmetrische Problem verfehlt jedoch den Sinn der Sache. Ein solches Verfahren ist bestenfalls ineffizient.

Lassen wir uns aber von den bisherigen Erkenntnissen leiten, so ist eine Verallgemeinerung auf unsymmetrische Probleme leicht zu erreichen. Weiter oben haben wir begründet, daß die Testvektoren den Eigenvektoren der Blöcke möglichst ähnlich sein sollen. Die aber haben sich bei unsymmetrischen Problemen grundlegend geändert; sie werden komplex. Da die betrachteten Matrizen reell sind, genügt es, zu den Testvektoren $\hat{s}_{v_0}$ und $\hat{s}_{v_1}$ den Vektor

$$(5.2.1) \qquad c_{v_2} := \left(\cos \left(v_2 \, i \, h \, \pi \right) \right)_{i=1}^{n} \quad \text{mit } 1 \le v_2 \le n.$$

hinzuzunehmen. Diese deckt dann auch die zusätzlichen Freiheitsgrade ab, die durch Aufgabe der Forderung, daß die Korrekturmatrizen Θ_i symmetrisch sein sollen, entstehen. Allerdings kann am Rand einer der Testvektoren nicht berücksichtigt werden. Sonst wäre das Gleichungssystem für Θ_i überbestimmt. Wegen der DIRICHLET-Randbedingung lassen wir im folgenden die Randwerte von c_{v_2} weg. Dies ist in Anwendungen dann der Randbedingung anzupassen. Der so entstandene Algorithmus ist für $v_1 := v_0 + 1$ stabil, falls v_2 ungerade. Andernfalls ist aus Symmetriegründen die zu (2.2.8) analoge Stabilitätsbedingung verletzt.

Als Testproblem für diesen Algorithmus wählen wir folgende Konvektions-Diffusions-Gleichung

$$(5.2.2) \qquad -\Delta u + q\left(\frac{\partial u}{\partial x} - \frac{\partial u}{\partial y}\right) = 1 \quad \text{in } \Omega = (0,1)\times(0,1)$$

$$u\Big|_{\partial\Omega} = \begin{cases} 0 & \text{für } x < 1 \\ 1 & \text{für } x = 1 \end{cases},$$

diskretisiert auf einem gleichmäßigen kartesischen Gitter. Der symmetrische Term wurde hierbei zentral, also mit (2.1.12, $\varepsilon=1$), diskretisiert, der unsymmetrische mit einseitigen Differenzen (vgl. HACKBUSCH [11]). Dieses Vorgehen führt auf den Differenzenstern

$$(5.2.3) \qquad h^{-2}\begin{bmatrix} & -1 & \\ -1 & 4 & -1 \\ & -1 & \end{bmatrix} + h^{-1}\begin{bmatrix} & -q^- & \\ -q^+ & 2|q| & -q^- \\ & -q^+ & \end{bmatrix}$$

mit

$$q^- := \begin{cases} -q & \text{für } q < 0 \\ 0 & \text{für } q \geq 0 \end{cases},$$

$$q^+ := \begin{cases} q & \text{für } q \geq 0 \\ 0 & \text{für } q < 0 \end{cases}.$$

Wendet man den in oben beschriebener Weise modifizierten $GKFF_{p=1,\alpha=2}$ Algorithmus auf das zeilenweise lexikographisch numerierte Gleichungssystem an, ergibt sich Abbildung 5.2.1.

Deutlich ist, daß unser Verfahren durchaus in der Lage ist, auch unsymmetrische Probleme effizient zu lösen. Der Konvergenzfaktor ist zwar nicht mehr ganz so gut wie im symmetrischen Fall, für große q jedoch haben wir offensichtlich einen exakten Löser und haben somit die bekannte Eigenschaft unvollständiger GAUSS-Zerlegungen erhalten. Selbstverständlich betrifft das nur die algebraische Lösung. Die Qualität der diskreten Lösung als Approximation an die kontinuierliche bleibt hiervon unberührt.

Allerdings gehen weitere Einzelheiten wie die optimale Wahl von Testvektoren (warum gerade zweimal Sinus und einmal Cosinus?) und Testfrequenzen sowie eine eingehende

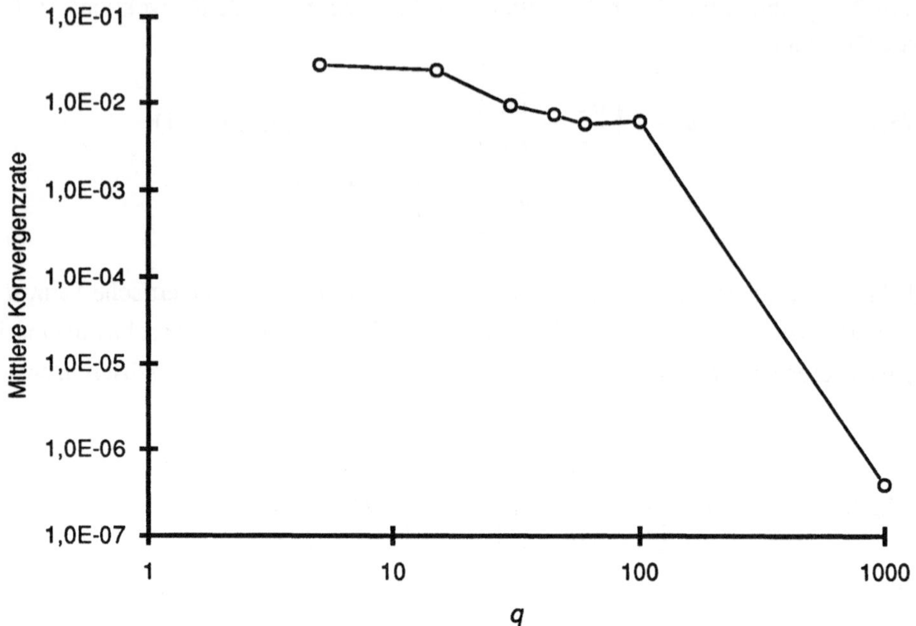

Abbildung 5.2.1: *Der Konvergenzfaktor des im Text beschriebenen* $GKFF_{p=1,\alpha=2}$ *Verfahrens für Problem (5.2.1,2) und seine Abhängigkeit von q.*

Analyse über den Rahmen dieser Arbeit hinaus. Dies wird Gegenstand kommender Forschungen sein. Wir wollen hier nur demonstrieren, daß der Frequenzfilteransatz durchaus auch für unsymmetrische Probleme geeignet ist. Dies ist wichtig, da einige im symmetrischen Fall bewährte und effiziente Verfahren, wie etwa die Methode der konjugierten Gradienten oder Hierarchische-Basen-Verfahren, im unsymmetrischen Fall nicht ohne weiteres anwendbar sind.

Allerdings gehen weitere Einzelheiten wie die optimale Wahl von Testvektoren (warum gerade zweimal Sinus und einmal Cosinus?) und Testfrequenzen sowie eine eingehende Analyse über den Rahmen dieser Arbeit hinaus. Dies wird Gegenstand kommender Forschungen sein. Wir wollen hier nur demonstrieren, daß der Frequenzfilteransatz durchaus auch für unsymmetrische Probleme geeignet ist. Dies ist wichtig, da einige im symmetrischen Fall bewährte und effiziente Verfahren, wie etwa die Methode der konjugierten Gradienten oder Hierarchische-Basen-Verfahren, im unsymmetrischen Fall nicht ohne weiteres anwendbar sind.

Der Einsatzbereich des Glätter-Korrektor-Verfahrens auf Frequenzfilterbasis ist allerdings erheblich größer als die einfachen linearen Testprobleme vermuten lassen. Im nächsten Abschnitt stellen wir ein entsprechendes nichtlineares Verfahren vor.

5.3 Nichtlineare Probleme

Die oben als Fernziel für die Anwendung unseres Verfahrens genannten Probleme sind sämtlich nichtlinear. Als lineares Lösungsverfahren läßt sich *GKFF* innerhalb einer äußeren NEWTON-Iteration einsetzen, geeignete JACOBI-Matrizen vorausgesetzt. Wie viele *GKFF*-Schritte ausgeführt werden und wie oft die Zerlegungen neu berechnet werden, ist dann Frage der angestrebten Konvergenzordnung und der Effektivität des Gesamtverfahrens.

Ähnlich dem Mehrgitterverfahren läßt sich unser Glätter-Korrektor-Verfahren auch zu einem nichtlinearen Löser verallgemeinern, der das nichtlineare Problem direkt angeht. Ausgehend von einem vereinfachten NEWTON-Verfahren läßt sich das nichtlineare Mehrgitterverfahren beschreiben als Vertauschen von Linearisierung und Grobgitterkorrektur, also ein Verlagern des Linearisierungsprozesses weiter ins Innere des Algorithmus, wobei dieser in Spezialfällen sogar ganz entfallen kann . Entsprechend verlagern wir den Linearisierungsprozeß in das Glätter- Korrektor-Verfahren hinein. Da jeder Frequenzfilterschritt eine Matrix zum Zerlegen braucht, ist damit auch die Grenze erreicht.

Für das nichtlineare Problem

$$(5.3.1) \qquad\qquad K(u)\ u = f$$

lautet der nichtlineare *GKFF*-Algorithmus wie folgt.

Algorithmus 5.3.1:   *GKFF_NL*

procedure *GKFF_NL(p,n*: integer; α: real; var *u,f*: Gitterfunktion);

   var i, v_0, v_1, v : integer; *t*: $2p+1$-Diagonalmatrix;

   begin

   $\quad v_0 := 1;$

   $\quad$ for $i := 1$ to round$(_\alpha\log(n))$ do

   $\quad$ begin

   $\quad\quad v_1 := v_0 + 1;$

   $\quad\quad$ *Berechne_Zerlegung* $(v_0, v_1, K(u), t);$

   $\quad\quad$ *Iterationsschritt(t,u)*;

   $\quad\quad v := $ round $(\ \alpha^* v_0);$

   $\quad\quad$ if $v \le v_1 \quad$ then $v_0 := v_1 + 1;$

   $\quad\quad\quad\quad\quad\quad\quad$ else $v_0 := v;$

   $\quad$ end;

   end;

Ob nun die Zerlegung tatsächlich in jedem Schritt berechnet wird, ist ebenfalls Ermessensfrage.

Dieses Verfahren haben wir anhand der nachstehend beschriebenen Probleme getestet.

Beispiel 1:

Zunächst wählen wir ein symmetrisches Problem: Den Pseudo-LAPLACE-Operator:

$$(5.3.2) \qquad -\operatorname{div}(\ \|\nabla u\|^{p-2}\,\nabla u) = 1 \ \text{in}\ \Omega := (0,1)\times(0,1), p > 1,$$

$$u|_{\partial\Omega} = 0.$$

Dieser Operator spielt eine wichtige Rolle etwa im Zusammenhang mit der Berechnung von Strömungen in porösen Medien (vgl. JÄGER-KAČUR [1]). Diskretisiert wird dies für $p \geq 2$ wie Problem (5.1.1) mit finiten Volumen, wobei in (5.1.2) $\varphi = \varphi(u) = \|\nabla u\|^{p-2}$ zu setzen ist. Ergebnisse von Testrechnungen mit $p=2.5$ und $GKFF\_NL_{p=1,\alpha=2}$ für Problem (5.3.2) zeigt Abbildung 5.3.2. Die Startwerte wurden hierbei aus einer geschachtelten Iteration gewonnen.

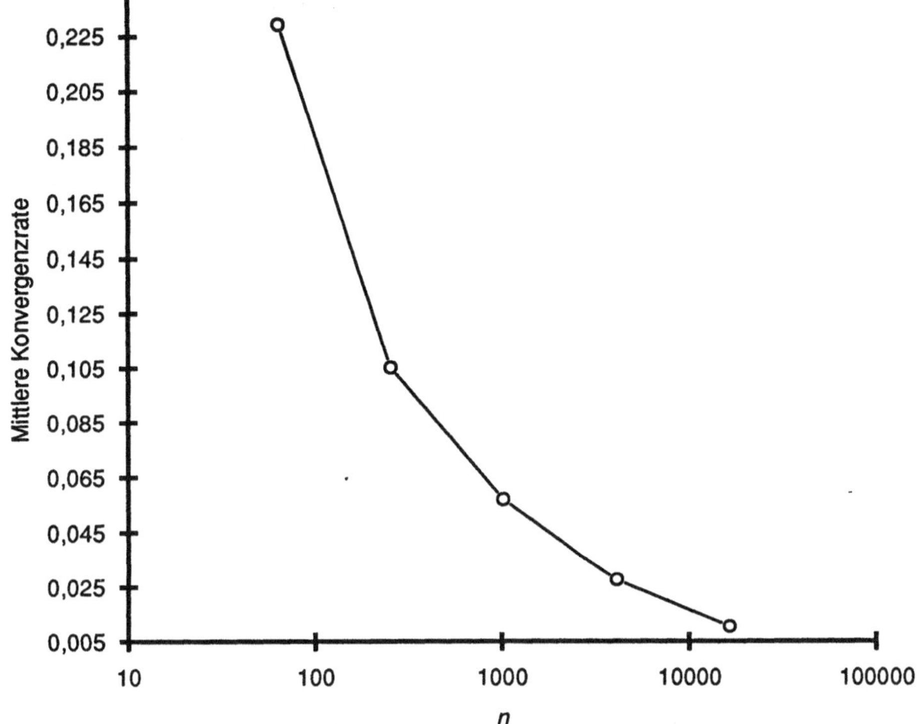

Abbildung 5.3.2: *Abhängigkeit der mittleren Konvergenzrate von $GKFF\_NL_{p=1,\alpha=2}$ von n.*

Die auffallende Verbesserung der Konvergenzrate mit feiner werdender Gitterweite h bestätigt nur die wohlbekannte Eigenschaft nichtlinearer Verfahren, daß der nichtlineare Prozeß um so besser konvergiert, je stärker die Diskretisierung den physikalischen Gehalt des zugrundliegenden Problems zum Ausdruck bringt. Diese Erfahrung hat wohl schon jeder gemacht, der sich mit stark nichtlinearen Problemen beschäftigt.

Abbildung 5.3.2 zeigt somit, daß *GKFF_NL* auch für stark nichtlineare Probleme nahezu ebenso effektiv sein kann wie im linearen Fall. Für größere Werte von p ist das Verfahren zwar noch konvergent, so ergibt sich für $p=3$ und $h=1/128$ ein Konvergenzfaktor von etwa 0.4, aber es ist nicht effektiv genug, um den Aufwand zu rechtfertigen. Dieser Effekt ist ausschließlich auf den nichtlinearen Prozeß zurückzuführen. Verwendet man nämlich *GKFF* als linearen Löser innerhalb eines vereinfachten NEWTON-Verfahrens[1], so löst dieser die auftretenden Gleichungssysteme so effizient wie im linearen Fall (Konvergenzrate $\approx 10^{-3}$). Somit muß also der nichtlineare Prozeß verbessert werden. Dies läßt sich, wie oben erwähnt, im wesentlichen durch Verbesserung der Diskretisierung erreichen.

Ähnliche Erfahrungen haben wir auch mit dem in KAWOHL-STARA-WITTUM [1] berichteten freien Randwertproblem gemacht. Dies ist ebenfalls von der Form (5.1.1) wobei φ (x,y) ersetzt wird durch

$$(5.3.3) \qquad \varphi\big(\|\nabla u\|^2\big) = \begin{cases} \mu_1 & \text{für } \|\nabla u\|^2 \geq t_2 \\[2mm] \dfrac{t_3}{\|\nabla u\|} & \text{für } t_1 < \|\nabla u\|^2 < t_2 \\[2mm] \mu_2 & \text{für } \|\nabla u\|^2 \leq t_1 \end{cases}$$

mit $t_1 := 2\,\lambda\,\dfrac{\mu_1}{\mu_2}$, $t_2 := 2\,\lambda\,\dfrac{\mu_2}{\mu_1}$, $t_3 := \sqrt{2\lambda\mu_1\mu_2}$ und positiven Konstanten λ, $\mu_{1/2}$.

Auch hier löst *gkf_alt* zwar die innerhalb eines vereinfachten NEWTON- Schrittes anfallenden Gleichungssysteme mit hoher Effizienz, der nichtlineare Prozeß selbst jedoch konvergiert kaum. Dies dürfte daran liegen, daß $\varphi(\|\nabla u\|^2)$ nicht glatt ist. Aus dem selben Grunde ist auch kein NEWTON -Verfahren möglich. Auch ein naiv angewandtes nichtlineares Mehrgitterverfahren bringt hier keine zufriedenstellende Lösung. Modifiziert man jedoch die Grobgitterkorrektur nach HOPPE und KORNHUBER [1, 2], so erreicht das nichtlineare Mehrgitterverfahren schon nach einem Schritt im Anschluß an eine geschachtelte Iteration ein Residuum von 10^{-7}. Dann wird allerdings die Konvergenz langsam. Dieses Verhalten bestätigt die für nichtlineare Mehrgitterverfahren so typische differentielle Konvergenz und macht den großen Vorteil dieser Verfahren aus (vgl. BRANDT [3, 4]).

---

1) Unter einem vereinfachten NEWTON-Verfahren verstehen wir ein NEWTON-artiges Verfahren bei dem die JACOBI-Matrix durch den ursprünglichen Operator $K(u^0)$ ersetzt wurde.

Als zweites Testproblem haben wir folgende nichtlineare Konvektions-Diffusions-Gleichung untersucht

$$(5.3.4) \qquad -\Delta u + 100\, u \left(\frac{\partial u}{\partial x} - \frac{\partial u}{\partial y} \right) = 1 \ \text{ in } \Omega := (0,1) \times (0,1)$$

$$u\Big|_{\partial\Omega} = \begin{cases} 0 & \text{für } x < 1 \\ r & \text{für } x = 1 \end{cases}.$$

Für $r=0$ ist das Problem glatt, während für $r=1$ eine typische Grenzschicht am rechten Rand auftritt. Diskretisiert wird dies wie Gleichung (5.2.2) mit zentralen bzw. einseitigen Differenzen. Der Konvergenzverlauf von *GKFF_NL* ist in Abbildung 5.3.3 für $r \in \{0,1\}$ abgebildet.

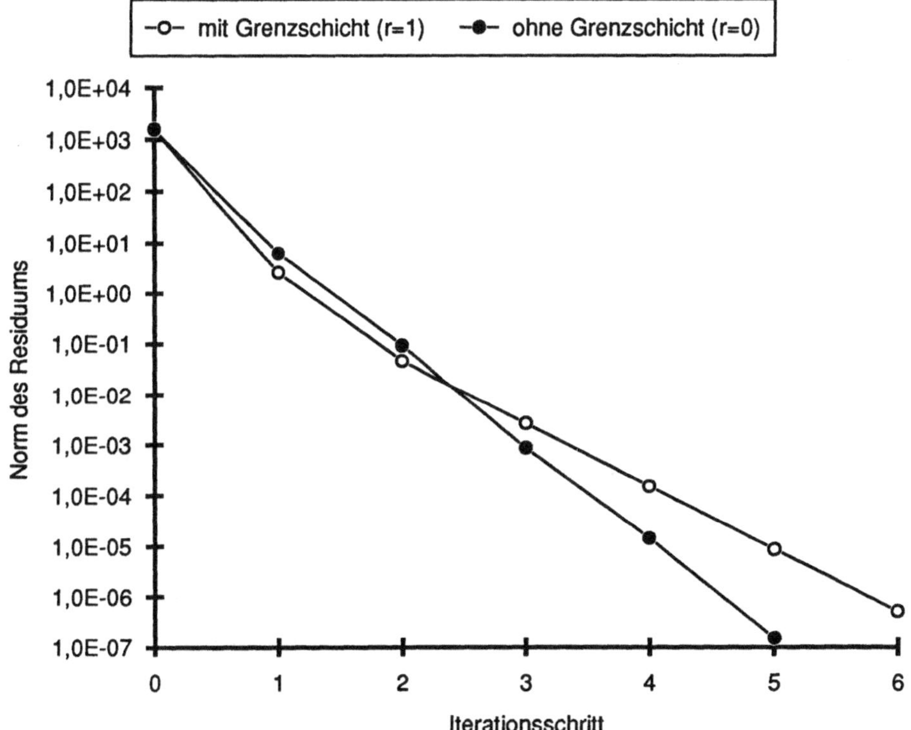

Abbildung 5.3.3: *Konvergenzverlauf von GKFF_NL$_{p=1,\alpha=2}$ für Problem (5.3.4) mit $r \in \{0,1\}$, $h=1/64$.*

Offensichtlich liefert das Verfahren zufriedenstellende Konvergenz, die nur unwesentlich von der Anwesenheit einer Grenzschicht beeinflußt wird. Die Abhängigkeit der mittleren Konvergenzrate von der Gitterweite h zeigt Abbildung 5.3.4.

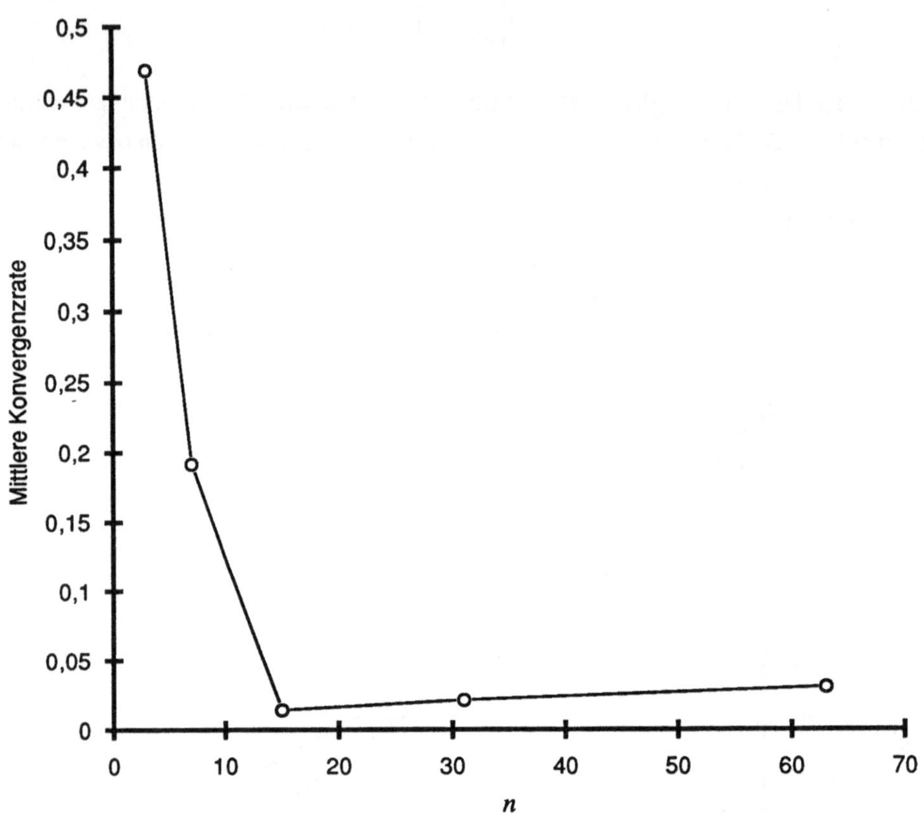

Abbildung 5.3.4: *$GKFF\_NL_{p=1,\alpha=2}$ für Problem* (5.3.4) *mit r=1. Abhängigkeit der mittleren Konvergenzrate von n.*

Auch hier wird deutlich, daß die Konvergenz im wesentlichen von der Qualität der Diskretisierung bestimmt wird. Daher sollte der verwendete Prozeß mit einer Defektkorrektur und/oder problemangepaßten Gittern verwendet werden. Hier liegt ebenfalls ein weites Feld für künftige Anwendungen.

5.4 Ausblick

Zum Schluß sei noch ein kurzer Ausblick auf einige wichtige künftige Anwendungen für den Frequenzfilteransatz gegeben.

Wie Beispiel 4 in Abschnitt 5.1.2 schon zeigte, stößt die Anwendung an eine Grenze, wenn etwa das Bild glatter Vektoren unter K nicht mehr glatt ist. Hier wird offensichtlich die Grenze des Paradigmas überschritten, von dem wir uns bei der Konstruktion leiten ließen. Vordringliche Aufgabe ist somit die Entwicklung *problemangepaßter Testvektoren*, die das Verhalten dieser Gleichungen noch angemessen widerspiegeln.

Das Verfahren setzt eine klare Blockstruktur voraus. Derartige Strukturen können auf unregelmäßig verfeinerten Gittern durch *Numerierungstechniken* konstruieren, so etwa durch die aus dem Bereich der Parallelisierung Aufteilung des Grundgebietes. Interessant dürfte weiter der Fall problemangepaßter Gitter sein. Ein Beispiel für eine derartige Konstruktion ist die Berechnung der Eigenschwingungen des Bodensees durch SAUTER und den Autor in SAUTER-WITTUM [1]. Dort wurde allerdings eine regelmäßige Verfeinerung zugrundegelegt. Bei stark unregelmäßig verfeinerten Gittern ist eine derartige Numerierung nicht immer möglich. Legt man aber die von KORNHUBER und ROITZSCH in KORNHUBER-ROITZSCH [1 und 2] eingeführte richtungsangepaßte Verfeinerung zugrunde, so lassen sich die entstehenden Gitter „*adaptiv numerieren*" derart, daß die entstehenden Matrizen sinnvoll strukturiert sind. Für diese Systeme ist die Anwendung des Frequenzprojektionsansatzes von großem Interesse.

Wesentlich ist ebenfalls eine Übertragung des hier nur im skalaren Fall untersuchten Ansatzes auf *Systeme partieller Differentialgleichungen*. In WITTUM [1, 2, 3, 9, 10] wurde zur Konstruktion von Glättern für Systeme der *transformierende Ansatz* untersucht und erfolgreich eingesetzt. Er ermöglichte die Übertragung der skalaren Eigenschaften wie die Glättungseigenschaft und Robustheit auf die betrachteten Systeme. Hierauf wird auch der Einsatz des *GKFF*-Verfahrens für Systeme aufbauen.

Diskretisiert man die POISSON-Gleichung in *drei Raumdimensionen*, so entsteht bei lexikographischer Numerierung wieder eine Block-Tridiagonalmatrix. Auf die kann der Blockeliminationsprozeß (2.2.2) aufgebaut werden. Zur Invertierung der nun zweidimensionalen Teilprobleme kann wieder eine frequenzfilternde Zerlegung dienen. Das so entstehende Verfahren hat wieder die Filtereigenschaft. Folglich kann ein dem zweidimensionalen Verfahren ähnliches Verhalten erwartet werden. In jedem Fall ist die geschachtelte Anwendung der frequenzfilternden Zerlegungen möglich.

Hauptproblem der *Parallelisierung* ist das Invertieren der Tridiagonal- und Block-Tridiagonalmatrizen. Dies ist ein seit langem wohlbekanntes Thema in der Parallelisierung numerischer Algorithmen. Entsprechend existieren viele Verfahren hierfür (vgl. KRECHEL-PLUM-STÜBEN [1], VAN DER VORST [2]), die auf den meisten großen Rechnern durch Standardwerkzeuge bereitgestellt werden. Eines der bekanntesten Verfahren ist wohl die *zyklische Reduktion* tridiagonaler Systeme (vgl. HELLER [1], WEILER [1]). Weiter sei der „*teile und herrsche*" Algorithmus nach WANG [1] erwähnt. Dieser kann eine Effizienz von bis zu 50% gegenüber dem skalar optimalen GAUSS-Löser erreichen. Es sei bemerkt, daß dies für den Fall tridiagonaler Matrizen schon nahezu optimal ist. Immerhin garantiert dieser Algorithmus, der auch für Vielprozessorsysteme mit lokalem Speicher geeignet ist, eine parallele Umsetzung mit Effizienz $\mathcal{O}(1)$. Somit ändert sich die Gesamtkomplexität des Verfahrens beim Übergang zu Parallelrechnern nicht und ist damit gleich der eines Mehrgitterverfahren auf einem Parallelrechner, nämlich $\mathcal{O}(k \ln(k))$.

In diesem Zusammenhang sei noch erwähnt, daß ein Teil der Testrechnungen bereits in Par.C auf *einem* Transputer T800 der Firma Parsytec gerechnet worden ist. der größere Teil wurde in MPW-C und MPW-Pascal auf einem Apple Macintosh II gerechnet.

Literaturverzeichnis

Axelsson, O.: [1] A general incomplete block-matrix factorization method.
Report 8337, Oct. 1983, Dept. of Mathematics, Catholic University, Nijmegen

Axelsson, O.: [2] A survey of preconditioned iterative methods for linear systems of
algebraic equations. BIT 25 (1985), 166-187

Axelsson, O.: [3] Incomplete block matrix factorization preconditioning methods. The
ultimate answer? J. Comp. Appl. Math. 12&13 (1985), 3-18.

Axelsson, O. (ed.): [4] Preconditioned conjugate gradient methods. BIT 29, 1989

Axelsson, O., Barker, V.A.: [1] Finite element solution of boundary value problems.
Theory and Computation. Academic Press, Orlando, 1984

Axelsson, O., Brinkkemper, S., Il'in, V. P.: [1] On some methods of incomplete block
matrix factorization iterative methods. Report 8322 Dept. of Math. Catholic
University Nijmegen (1983).

Axelsson, O., Eijkhout,V.: [1] Robust Vectorizable Preconditioners for Three-
dimensional Elliptic Difference Equations with Anisotropy.
in: Algorithms and applications on vector and parallel computers, H.J.J. te Riele,
Th.J. Dekker and H.A. van der Vorst (eds.), North Holland ,1987

Axelsson, O., Lindskog, G.: [1]On the eigenvalue distribution of a class of
preconditioning methods. Numer.Math. 48,479-498 (1986)

Axelsson, O., Lindskog, G.: [2] On the rate of convergence of the preconditioned
conjugate gradient method. Numer. Math. 48, 499-523 (1986)

Axelsson, O., Polman, B.: [1] Block preconditioning and domain decomposition
methods I.Report 8735, Dec. 1987, Dept. of Mathematics, Catholic University,
Nijmegen

Axelsson, O., Polman, B.: [2] A robust preconditioner based on algebraic substructuring and two-level grids.in Hackbusch, W.: Robust multi-grid methods.NNFM Bd. 23, Braunschweig, 1989

Axelsson, O., Vassilievsky, P.: [1] A survey of multilevel preconditioned iterative methods. BIT 29, 1989

Bachvalov, N.S: [1] On the convergence of a relaxation method with natural constraints on the elliptic operator. USSR Comput. Math. and Math. Phys. 6,5, 101-135, 1966

Bank, R.E.: [1] PLTMG users' guide - Edition 5.0 Department of Mathematics, University of California at San Diego, La Jolla, California 92093, January 1988

Bank, R.E., Chan, T.F., Coughran, W.M., Smith, R.K.: [1] The alternate-block-factorization procedure for systems of partial differential equations. BIT 29 (1989), 938-954

Bank, R.E., Dupont, T., Yserentant, H.: [1] The hierarchical basis multigrid method. Preprint SC-87-2 (April 1987).

Bank, R.E., Dupont, T.: [1] An optimal order process for solving elliptic finite element equations. Math. Comp. 36, 35-51, 1981

Bank, R.E., Sherman, A.: [1] A multi-level iterative method for solving finite element equations.in Proc. Fifth Symposium on reservoir simulation, Soc. of Petroleum Eng. of AIME, Dallas, 117-126, 1979

Bank, R.E., Weiser, A.: [1] Some a posteriori error estimators for elliptic partial differential equations. Math Comput. 44, 283-301 (1985)

Bank, R.E., Welfert, B., Yserentant, H.: [1] A class of iterative methods for solving saddle point problems. Numer. Math, 54, 1989

Bastian, P.: [1] Die Frequenzzerlegunsmethode als robustes Mehrgitterverfahren: Implementierung und Parallelisierung Diplomarbeit, IMMD III, Universität Erlangen, 1989

Bastian, P., Horton, G.: [1] ILU factorization and frequency decomposition method. to appear in SIAM Journal of Statistical and Scientific Computing

Blum, H., Rannacher, R.: [1] Extrapolation techniques for reducing the pollution effect of rrentrant corners in the finite element method. Numer. Math. 52, 539-564, 1988

Braess, D. [1] The convergence rate of a multigrid method with Gauß-Seidel relaxation for the Poisson equation. in Hackbusch-Trottenberg [1]

Braess, D. [2] The convergence rate of a multigrid method with Gauß-Seidel relaxation for the Poisson equation. Math. Comp. 42, 505-519, 1984

Braess, D., Hackbusch, W.: [1] A new convergence proof for the multigrid method including the V-cycle. SIAM J Numer. Anal. 20 (1983) 967-975

Braess, D., Verfürth, R.: [1] Multi-grid methods for non-conforming finite element methods. Preprint #453 (1988), SFB 123, Uni Heidelberg

Bramble, J.H., Pasciak, J.E.: [1] New convergence estimates for multigird algorithms. Math. Comp. 49, 311-329, 1987

Bramble, J.H., Pasciak, J.E., Schatz, A.H.: [1] The construction of preconditioners for elliptic problems by substructuring I Math. Comp. 47, 1986

Bramble, J.H., Pasciak, J.E., Schatz, A.H.: [2] The construction of preconditioners for elliptic problems by substructuring II Math. Comp. 49, 1987

Bramble, J.H., Pasciak, J.E., Xu, J.: [1] Parallel multilevel preconditioners. To appear in Math. Comp.

Brandt, A.: [1] Multi-level adaptive technique for fast numerical solution to boundary value problems. Proc. 3rd Internat. Conf. on Numerical Methods in Fluid Mechanics, Paris, 1972. Lecture Notes in Physics 18, Springer, Heidelberg, (1973), 83-89.

Brandt, A.: [2] Multi-level adaptive solutions to boundary-value problems. Math. Comp., 31, 1977, 333-390.

Brandt, A.: [3] Guide to multigrid development. in Hackbusch-Trottenberg [1]

Brandt, A.: [4] Multigrid techniques: 1984 guide with applications to fluid dynamics. GMD-Studien Nr.85, Bonn (1984).

Brandt, A., Cryer, C.W.: [1] Multigrid algorithms for the solution of linear complementarity problems arising from free boundary problems. SIAM J Sci. Statist. Comput. 4, 655-684, 1983

Brenner, S.: [1] An optimal order multigrid method for P1 nonconforming finite elements. Math. comp. 52, 1-15, 1989

Brenner, S.: [2] Multigrid methods for nonconforming finite elements. in Mandel-McCormick et al [1]

Chan, T., Meurant, G., Periaux, J., Widlund, O.: [1] Domain decomposition methods. SIAM, Philadelphia, 1989

Decker, N., Mandel, J., Parter, S.: [1] On the role of regularity in multigrid methods. in Multigrid Methods, Proceedings fo the third Copper Mountain conference,(S. McCormick et al. eds.), New York , 1988

Deuflhard, P., Leinen, P., Yserentant, H.: [1] Concenpts of an adaptive hierarchical finite element code. Preprint SC 88-5, ZIB Berlin, September 1988

Dick, E.: [1] Relaxation solution of steady flow equations. VKI-Lectures in CFD 1988.

Euler, L. [1] Elemente der Algebra. Akademie der Wissenschaften, St. Petersburg, 1770

Frobenius, G.: [1] Über Matrizen aus nicht negativen Elementen. Sitzungsberichte der Akademie der Wissenschaften, Phys.-math. Klasse, Berlin, 1912

Gauß, C. F.: [1] Brief an Gerling vom 25. Juni 1821

Gauß, C. F.: [2] Brief an Gerling vom 26. Dezember 1823

Gustafsson, I.: [1] A class of first order factorization methods. BIT 18, 142-156, 1978

Hackbusch, W.: [1] Ein iteratives Verfahren zur schnellen Auflösung elliptischer Randwertprobleme. Report 76-12, Universität Köln (1976).

Hackbusch, W.: [2] Survey of convergence proofs for multi-grid iterations.
in: Frehse-Pallaschke-Trottenberg: Special topics of applied mathematics, Proceedings, Bonn, Oct. 1979. North-Holland, Amsterdam 1980, 151-164

Hackbusch, W.: [3] Analysis and multi-grid solutions of mixed finite element and mixed difference equations. Report, Ruhr-Universität Bochum (1980).

Hackbusch, W.: [4] Convergence of multi-grid iterations applied to difference equations. Math Comp 34 (1980), 425-440.

Hackbusch, W.: [5] On the convergence of multi-grid iterations. Beiträge zur Numerischen Mathematik, 9, 213-239, 1981

Hackbusch, W.: [6] On the regularity of difference schemes .Ark Math 19, 3-28, 1981.

Hackbusch, W.: [7] Multi-grid convergence theory. in: Hackbusch-Trottenberg [1]

Hackbusch, W.: [8] On the regularity of difference schemes - part II: regularity estimates for linear and nonlinear problems. Ark Math 21 (1983), 3-28.

Hackbusch, W.: [9] Multi-grid convergence for a singular perturbation problem. Linear Alg. Appl. 58, 125-145, 1984

Hackbusch, W.: [10] Multi-grid methods and applications. Springer, Berlin, Heidelberg (1985).

Hackbusch, W.: [11] Theorie und Numerik elliptischer Differentialgleichungen. Teubner, Stuttgart (1986).

Hackbusch, W.: [12] A new approach to robust multi-grid solvers. Preprint, Institut für Informatik und praktische Mathematik, CAU, Kiel (1987).

Hackbusch, W.: [13] The Frequnecy decompositon multi-grid method. Part I: Application to anisotropic equations Numerische Mathematik 1989.

Hackbusch, W.: [14] On first and second order box schemes. Computing, 1989

Hackbusch, W.: [15] Iterative Lösung großer, schwachbesetzter Gleichungssysteme Teubner, Stuttgart, 1991

Hackbusch, W.: [16] Local defect correction method and domain decomposition techniques. Computing, Suppl. 5 (1984) 89-113

Hackbusch, W., Mittelmann, H.D.: [1] On multi-grid methods for variational inequalities. Numer. Math. 42, 65-76, 1983

Hackbusch, W., Rannacher, R.: [1] Numerical methods for the Navier-Stokes equations. Proceedings of the fifth GAMM-Seminar, Kiel,Jan. 22 to 24, 1989. Notes on numerical fluid mechanics, Vieweg, Braunschweig, 1990

Hackbusch, W., Reusken, A.: [1] Analysis of a damped nonlinear multilevel method. in Reusken [3]

Hackbusch, W., Trottenberg, U.: [1]Multigrid Methods. Proceedings, Köln-Porz, 1981.Lecture Notes in Mathematics, Bd. 960, Springer, Heidelberg, 1982

Hänel, D., Meinke, M., Schröder, W.: [1] Application of the multigrid method in solutions of the compressible Navier-Stokes equations. in Mandel et al. [1]

Hänel, D.: [1] The computation of viscous hypersonic flows. VKI Lecture Series on CFD, 1989

Heinrich, B.: [1] Finite difference methods on irregular networks. Teubner, Berlin, 1987.

Heller, D.: [1] Some aspects of the cyclic reduction algorithm for block tidiagonal systems. SIAM J. Numer. Anal. 13, 484-496, 1976

Hemker, P.W.: [1] Fourier analysis of grid functions, prolongations and restrictions. NW 93/80, Mathematisch Centrum, Amsterdam (1980).

Hemker, P.W.: [2] The incomplete LU-decomposition as a relaxation method in multi-grid algorithms. In: Miller,J.J.H.(ed.): Boundary and interior layers - computational and asymptotic methods . Proceedings, Dublin, June 1980, Boole Press Dublin (1980).

Hemker, P.W.: [3] Multigrid methods for problems with a small parameter in the highest derivate. In: Griffiths,D.F. (ed.): numerical analysis. Proceedings, Dundee, June-July 1983. Lecture Notes in Math. 1066. Springer, Heidelberg (1983)

Hemker, P.W., Koren, B.: [1] Multigrid, defect correction and upwind schemes for the steady Navier-Stokes equations. in: K.W. Morton, M.J. Baines (eds.): Numerical methods for fluid dynamics III, Oxford, 1988

Holland, W., McCormick, S., Ruge, J.: [1] Unigrid methods for boundary value problems with nonrectangular domains. J. Comp. Phys., 48, 1982

Hoppe, R., Kornhuber, R.: [1] Numerical simulation of induction heating processes by multi-grid tchniques. in: Numerical methods in Thermal Problems, vol 6 (R.W. Lewis (ed)), 1142-1152,Pineridge Press, Swansea, 1989

Hoppe, R., Kornhuber, R.: [2] Multi-grid solution of two coupled Stefan equations arising in induction heating of large steel slabs. to appear in Int. J. Numer. Methods Eng.

Hoppe, R.: [1] Multigrid algorithms for variational inequalities. SIAM JNA 24 (1987),1046-1065

Hoppe, R.: [2] Numerical solution of multicomponent alloy solidification by multi-grid techniques. Impact of Computing in Science and Engineering, 3, 1991

Horton, G.: [1] Parallelisierung eines Mehrgitterverfahrens mit ILU-Glättung. Diplomarbeit, IMMD III, Friedrich-Alexander Universität Erlangen-Nürnberg, 1989

Horton, G., Wittum, G.: [1] On parallel incomplete decompostions. in preparation.

Jacobi, C.G.J.: [1] Über eine neue Auflösungsart der bei der Methods der kleinsten Quadrate vorkommenden linearen Gleichungen. Astronom. Nachrichten 32 (1845), 297-306.

Jäger, W., Kacur, J.: [1] Solution of porous medium type systems by linear approximation schemes. Preprint #540, SFB 123, Universität Heidelberg, 1989

Jennings,A., Malik,G.M.: [1] Partial elimination. J. Inst. Maths. Applics. 20 (1977), 307-316.

Kawohl, B., Stara, J., Wittum, G.: [1] Analysis and numerical studies of a shape design problem. to appear in: Archive for Rational Mechanics

Kettler, R.: [1] Analysis and comparison of relaxation schemes in robust multi-grid and preconditioned conujugate gradient methods. In: Hackbusch,W.,Trottenberg,U.[1]

Kettler, R.: [2] Linear multigrid method for numerical reservoir simulation. Thesis, Dept. of Mathematics, TU Delft (1987)

Khalil, M. [1] Local mode smoothing analysis of vairous incomplete factorization iterative methods. In: Hackbusch, W. (ed.) Robust multi-grid methods. Notes in Numerical Fluid Mechnics, 23, 155-164, Vieweg, 1988

Khalil, M.: [2] Analysis of linear multigrid methods for elliptic differential equations with discontinuous and anisotropic coefficients. Proefschrift, TU Delft, Delft 1989

Khalil,M., van Kan,J.J.I.M., Wesseling,P.: [1] Prolongation and restriction and coarse-grid approximation in a three-dimensional cell-centered multigrid method. Report 88-02, Dept. of Mathematics, TU Delft

Kolotilina, L.Yu., Yeremin, A.Yu.: [1] Incomplete block factorization preconditionings for matrices with complicated sparsity patterns. in Il'in, V.P., Kublanovsakya, V.N. (eds.): Numerical maethods and problems of computation organization. vol. 8, Leningrad, 1987

Koren, B.: [1] Multigrid and defect correction for the steady Navier-Stokes equations. Proefschrift, CWI, Amsterdam, 1989

Kornhuber, R., Roitzsch, R.: [1] Adaptive Finite Element Methoden für konvektionsdominante Randwertprobleme bei partiellen Differentialgleichungen. Preprint SC-88-9, ZIB Berlin, 1988

Kornhuber, R., Roitzsch, R.: [2] On adaptive grid refinement in the presence of internal or boundary layers. Preprint SC 89-5, ZIB, Berlin, 1989

Krechel, A., Plum, H-J, Stüben, K.: [1] Solving tridiagonal linear systems in parallel on local memory MIMD machines. Arbeitspapiere der GMD, 372, 1989

Kuo, C.-C. J., Chan, T. F., Tong, Ch.: [1] Multilevel filtering elliptic preconditoners. Preprint UCLA, Los Angeles, 1989

Lonsdale, G.: [1] Solution of a rotating Navier-Stokes problem by a nonlinear multigrid algorithm. Report Nr. 105, Manchester University, (1985).

Mandel, J., Parter, S.V.: [1] On the multigrid F-cycle. Preprint, University of Wisconsin, Madison, 1989

Mandel, J.: [1] A multilevel iterative method for symmetric, positive definite problems. Appl. Math, Optim. 11 (1984) 77-95.

Mandel, J.: [2] Mutligrid convergence for nonsymmetric, indefinite problems and one smoothing step. in Appl. Math. Comput., 1986

Mandel,J.,McCormick,S.,Dendy,J.C,   Lonsdale,G.,Parter,S.,Ruge,J.,Stüben,K.:[1] Proceedings of the fourth Copper Mountain conference on multigrid methods. SIAM, Philadelphia, 1989

McCormick, S..: [1] Multilevel adaptive methods for partial differential equations. SIAM, Philadelphia, to appear

McCormick, S., Ruge, J.: [1] Unigrid for multigrid simulation. Math. Comp. 41, 1983

Meijerink, J. A.: [1] Iteration methods for the solution of linear equations based on incomplete factorization of the matrix. Public. 643, Shell Rijswijk, 1983

Meijerink,J.A, Van der Vorst,H.A.: [1] An iterative solution method for linear systems of which the coefficient matrix is a symmetric M-matrix. Math. Comp. 31 (1977), 148-162.

Meijerink,J.A, Van der Vorst,H.A.: [2] Guidelines for the usage of incomplete decomnpositions in solving sets of linear equations as they occur in practical problems. J Comp Phys. 44 (1981), 134-155

Mol, W.J.A.: [1] Computation of flows around a Karman-Trefftz profile. Preprint NW 114/81, CWI Amsterdam

Mol, W.J.A.: [2] Numerical solution of the Navier-Stokes equations by means of a multi-grid method and Newton iteration. Preprint, NW 92/80 (1980), CWI, Amsterdam

Nikolaides, R.A.: [1] On the l_2 convergence of an algorithm for solving finite element equations. Math. Comp. 31, 892-906, 1977

Oertel, K.-D:, Stüben, K.: [1] Multigrid with ILU-smoothing: systematic tests and improvements. Arbeitspapiere der GMD 306

Ong, M.E.G.: [1] Hierarchical basis preconditioner for second oreder elliptic problems in three dimensions. Technical Report 89-3, Applied Math, University of Washington, Seattle, 1989

Oswald, P.: [1] On estimates for hierarchic basis representatione of finite element functions. Technical Report, N/89/16, Sekt. Mathematik, Universität Jena, 1989.

Patankar, S.V., Spalding, D.B.: [1] A calculation procedure for heat and mass transfer in three-dimensional parabolic flows. Int. J. Heat Mass Transfer, 15 (1972), 1787-1806

Periχ,M., Rüger,M., Scheuerer,G.:[1] A finite volume multigrid method for calculating turbulent flows. TSF 7 Stanford University, Aug. 1989

Perron, O.: [1] Über Matrizen. Math. Ann. 64, 248-263, 1907

Reusken, A.: [1] Convergence of the multigrid full approximation scheme for a class of elliptic mildly nonlinear boundary value problems. Numer. Math. 52, 251-277, 1988

Reusken, A.: [2] Convergence of the multilevel full approximation scheme including the V-cycle. erscheint in Numer. Math.

Reusken, A.: [3] Convergence analysis of nonlinear multigrid methods. Proefschrift, Rijksuniversiteit Utrecht, Utrecht, 1989

Roitzsch, R.: [1] KASKADE User's Manual. Technical Report TR 89-4, ZIB Berlin, 1989

Roitzsch, R.: [2] KASKADE Programmer's Manual. Technical Report TR 89-5, ZIB Berlin, 1989

Rüde, U., Zenger, Chr.: [1] On the treatment of singularities in the multigrid mehods. in Hackbusch-Trottenberg [2]

Rüde, U.: [1] Zur numerischen Behandlung von Singularitäten in elliptischen partiellen Differentialgleichungen. Dissertation, TU München, 1988

Ruge, J., Stüben, K.: [1] Algebraic multigrid (AMG) Arbeitspapiere der GMD Nr. 210, St. Augustin, 1986

Ruh, C.: [1] Unvollständige QR-Zerlegungen. Diplomarbeit, CAU Kiel, 1987

Sauter, S., Wittum, G.: [1] A multi-grid method for the computation of eighenmodes of closed water basins. Impact of Computing in Science and Engineering, to appear

Seidel, L.Ph.: [1] Resultate photometrischer Messungen. Denkschriften der Münchner Akademie, München, 1862.

Seidel, L.Ph.: [2] Über ein Verfahren, die Gleichungen, auf welche die Methode der kleinsten Quadrate führt, sowie lineare Gleichungen überhaupt, durch sucessive Annäherung aufzulösen. Münchner Abhandlungen 2,3, 81-108, 1874

Shah, T.M., Mayers, D.F., Rollett, J.S.: [1] Analysis and Application of a line solver for the recirculationg flows using multigrid methods. in Hackbusch,W., Rannacher, R [1]

Sonneveld, P., Wesseling, P., De Zeeuw, P.M.: [1] Multigrid and conjugate gradient methods as convergence acceleration techniques. in: Paddon, D.J. and Holstein, H. (eds.): Multigrid methods for integeral and differential equantions. IMA, Conference Series, New Series 3, Clarendon Press, Oxford, 1985

Southwell, R.V.: [1] Stress calculation in frameworks by the method of "systematic relaxation of constraints"
– parts I, II: Proc. Roy. Soc. (A) 151, 56-95, 1935;
– parts III: Proc. Roy. Soc. (A) 153 41-76, 1935.

Stiefel, E.: [1] Über einige Methoden der Relaxationsrechnung. Z Angew. Math. Phys. 3 (1952) 1-33.

Stone, H.: [1] Iterative solution of implicit approximations of multidimensional partial differential equations. SIAM J. Numer. Anal. 5, 1968

Stüben, K.: [1] Algebraicmultigrid (AMG): experiences and comparisons. Appl. Math. Comput. 13 419-451, 1983

Stüben, K.: [2] LiSS - a parallel multigrid package for 2d incompressible Navier-Stokes equations. Vortrag auf dem Kolloquium ΩNumerische Lösungen der Navier-Stokes Gleichungen- Vektorisierung und Parallelisierung" des DFG-Schwerpunkts ΩStrömungssimulation auf Hochleistungsrechnern", Aachen, April 1990

Stüben, K., Trottenberg, U.: [1] Multigrid methods: fundamental algorithms, model problem analysis and applications. In: Hackbusch,W., Trottenberg,U.(eds.): Multigrid methods. Proceedings, Lecture Notes in Math. 960, Springer, Berlin (1982).

Thole, C.-A., Trottenberg, U.: [1] Basic smoothing procedures for the multigrid treatment of elliptic 3d-operators. in Braess, D., Hackbusch, W., Trottenberg, U. (eds.): Advances in multigrid methods.NNFM 11, Vieweg, Braunschweig, 1985

Thole, C.-A.: [1] Beiträge zur Fourieranalyse von Mehrgitterverfahren. Diplomarbeit, Universität Bonn (1983).

Thole, C.-A.: [2] Experiments with multigrid methods on teh CalTech Hypercube. GMD-Studien Nr. 103, St. Augustin, 1985

Turek, S.: [1] A multigrid Stokes solver using divergence free finite elements. Preprint #527 (1989), SFB 123, Uni Heidelberg

Van der Vorst, H.A.: [1] Preconditioning by incomplete decompositions. Thesis, Rijksuniversiteit Utrecht (1982).

Van der Vorst, H.A.: [2] Large tridiagonal and block tridiagonal linear Systems on vector and parallel computers. Parallel Computing 5,45-54, (1987)

van der Wees, A.J.: [1] A nonlinear multigrid method for three-dimensional transonic potential flow. Proefschrift, TU Delft, 1988

Varga, R.S.: [1] Factorizations and normalized iterative methods. in:Boundary Problems in Differential Equations, Langer,R.E. (Hrsg.)University of Wisconsin Press, Madison Wisconsin (1960), 121-142.

Varga, R.S.: [2] Matrix iterative analysis. Prentice Hall, 1962

Wang, H.H.: [1] A parallel method for tridiagonal equations. ACM Transactions math. Software 7, 170-183, 1981

Weiler, W.: [1] Vektorisierung von Lösern für große tridiagonale Gleichungssysteme. Diplomarbeit, Institut für angewandte Mathematik, Universität Heidelberg, 1989

Wesseling, P.: [1] The rate of convergence of a multiple grid method. in Watson (ed): Numerical Analysis. Proceedings, Dundee, June 1979.Lecture Notes in Mathematics 773. Springer, Heidelberg, 1980.

Wesseling, P.: [2] A robust and efficient multigrid method. In: Hackbusch,W., Trottenberg,U.(eds.): Multi-grid methods. Proceedings, Lecture Notes in Math. 960, Springer, Berlin (1982)

Wesseling, P.: [3] Theoretical and practical aspects of a multigrid method. SIAM J. Sci. Statist. Comp. 3 (1982), 387-407.

Wittum, G.: [1] Mehrgitterverfahren für die Stokes'sche Gleichung. ZAMM, 67 (1987)

Wittum, G.: [2] Distributive Iterationen für indefinite Systeme. Dissertation, CAU, Kiel 1986

Wittum, G.: [3] Multi-grid methods for Stokes and Navier-Stokes equations. Transforming smoothers - algorithms and numerical results. Numerische Mathematik, 54 , 543-563 (1989)

Wittum, G.: [4] On the robustness of ILU-smoothing. SIAM J. Sci. Stat. Comput., 10, 699-717, (1989)

Wittum, G.: [5] On the convergence of multi-grid methods with transforming smoothers. Theory with applications to the Navier-Stokes equations. Numer. Math. 57:15-38.

Wittum, G.: [6] Multi-grid methods on a Macintosh II and their use in computational fluid dynamics. Proceedings of the Apple EUC-conference, Heidelberg, April 1988. (nur in elektronischer Form)

Wittum, G.: [7] Linear iterations as smoothers in multi-grid methods. Impact of Computing in Science and Engineering, 1, 180-215 (1989).

Wittum, G.: [8] R-transforming smoothers for the incompressible Navier-Stokes equations. in Hackbusch,W., Rannacher, R. [1]

Wittum, G.: [9] The use of fast solvers in computational fluid dynamics. in Wesseling, P.(ed.): Numerical methods in fluid mechanics. Proceedings of the annual conference of the GAMM-Fachausschuss für Strömungsmechanik, Delft, Sept. 25 to 27, 1989. Notes on numerical fluid mechanics, Vieweg, Braunschweig, 1990

Wittum, G.: [10] An ILU-based smoothing correction scheme. in Hackbusch,W.(ed.): Parallel solvers. Proceedings of the sixth GAMM-Seminar, Kiel, Jan. 25 to 27, 1990. Notes on numerical fluid mechanics, Vieweg, Braunschweig i. Vb.

Wittum, G., Liebau, F.: [1] On truncated incomplete decompositions. BIT, 29, 719-740 (1989)

Xu, J.: [1] Multilevel theory for finite elements. Thesis, Cornell Univ., 1988

Young, D.: [1] Iterative methods for solving patrial difference equations of elliptic type. Thesis Harvard University (1950)

Yserentant, H.: [1] Über die Aufspaltung von Finite-Element -Räumen in Teilräume verschiedener Verfeinerungsstufen. Habilitationsschrift, RWTH Aachen, 1984

Yserentant, H.: [2] On the multi-level splitting of finite element spaces. Numer. Math. 49, 379-412, 1986

Yserentant, H.: [3] Hierarchical bases of finite element spaces in the discretization of nonsymmetric elliptic boundary value problems. Computing 35, 39-49, 1985

Yserentant, H.: [4] The convergence of multi-level methods for solving finite element equations in the presence of singularities. Math. Comp. 47, 399-409, 1986

Yserentant, H.: [5] Preconditioning indefinite discretization matrices. Preprint SC 87-6 (Febr. 1988), ZIB Berlin

Yserentant, H.: [6] Two preconditioners based on the multi-level splitting of finite element spaces. Preprint SC 89-9, ZIB Berlin, 1990

Stichwortverzeichnis

Algorithmen
- FFLR$_{p,v}$ — 51
- gkf_std — 45
- gkf_alt — 50
- GKFF$_{p,\alpha}$ — 61
- GKFF_alt$_{p,\alpha}$ — 62, 63
- GKFF–NL — 152
- Mehrgitterverfahren — 16

Angenäherte Inverse — 36
- Konstruktion — 37, 41, 51
- Definitheit — 55, 56, 84, 99

Anisotrope Probleme — 28*ff*, 129*ff*

AXELSSON — 22, 39*ff*, 42

BANK — 9, 19, 23*f*, 26*f*, 31, 139

BPX — 27

Filtereigenschaft — 46

Filternde Zerlegung
- Definition — 42*f*, 51
- Existenz — 43*f*, 52

siehe auch unter
„Algorithmen", „Konvergenz"
und „Modellproblemanalyse"

Finite-Volumen-Diskretisierung — 128*f*

Freie Ränder — 33, 154

Glätter — 16*ff*, 20*ff*, 42, 44, 58

Glättungseigenschaft
- konvergenter Iterationen — 20*ff*
- filternder Zerlegungen — 58, 115

- Grobgitterkorrektur
  22*f*, 28, 32, 33, 137, 143, 147, 151, 157

HACKBUSCH — 13, 19*f*, 32, 127

Hierarchische Basen — 26*f*

HOPPE — 33

ILU
- punktweise — 29, 36*ff*
- blockweise — 41
- 5-Punkt — 38
- 7-Punkt — 39
- Ordnung — 37
- Glättungseigenschaft — 21*ff*
- Varianten — 30, 39*f*

JACOBI-Verfahren — 15

Konvektions-Diffusionsgleichung
- linear — 149
- nichtlinear — 155

konvektionsdominiert — 25, 31

Konvergenz
- FLR — 58, 115
- Glätter-Korrektor-Verfahren
  76, 91, 95*ff*, 101
- Mehrgitterverfahren — 19*ff*
- Zerlegungskoeffizienten
  66, 80*ff*, 110*ff*

Mehrgitterverfahren

13, 16*ff*, 19*ff*, 22, 25*ff*, 28*ff*, 33*ff*
39, 42, 44, 127, 135*ff*, 140*f*, 143*ff*,
151, 154, 158

– Algorithmen   16
– Konvergenztheorie   19*ff*
Modellproblemanalyse   9*f*
– Diagonalschema   65*ff*
– Tridiagonalschema   79*ff*
Muster   37*f*, 51

Nichtlineare Probleme   151*ff*

Parallelisierung   34, 158

Ordnung
– ILU   37
– Filternde Zerlegung   51
Oszillierende Koeffizienten   146*f*

Restmatrix
– Darstellung   53
– Definitheit   57
Robustheit   28*ff*, 137, 138*ff*

Singuläre Störungen
28*ff*, 137, 138*ff*, 148*ff*, 151*ff*
Systeme partieller Dgln   157

Umgebungseigenschaft
96*f*, 99, 103, 126*ff*
– vereinfacht   98, 116*f*
Unvollständige Zerlegungen s. ILU

Vorkonditionierung
22, 34, 39*ff*, 44, 53, 58*f*
V-Zyklus, Konvergenz   24

YSERENTANT   24, 26*f*

Köckler
Numerische Algorithmen in Softwaresystemen

Unter besonderer Berücksichtigung der NAG-Bibliothek

In zunehmendem Maß werden von Ingenieuren, Informatikern, Physikern und Mathematikern Softwaresysteme zur Lösung ihrer numerischen Probleme benutzt. Der Zugang zu den Routinen einer Bibliothek wie NAG, IMSL, LINPACK oder ELLPACK wird dem Benutzer jedoch nicht immer leicht gemacht. Hier soll der vorliegende Band eine Lücke schließen.

Aus allen Gebieten der Numerik von Gleichungssystemen bis zu Differentialgleichungen finden sich:
- Die klassischen Lösungsalgorithmen und die weniger bekannten, aber effektiven »black-box«-Verfahren der Softwarebibliotheken
- Beschreibungen der NAG-Routinen
- FORTRAN 77-Programme für alle Grundprobleme
- Beispiele aus verschiedenen Anwendungsgebieten (von der Blauwalpopulation bis zum Kern-Schmelzpunkt).

Zusätzlich werden die Graphikmöglichkeiten der NAG-Bibliothek anhand von Beispielen demonstriert und ein Window-tool PAN vorgestellt. PAN bindet die Programme in eine graphische Benutzeroberfläche unter SUNTOOLS oder X-WINDOWS ein. Es macht die Programme bequem zugänglich durch übersichtliche Benutzerführung mit hierarchischer Programmauswahl, graphischer Ein- und Ausgabe und einfacher Programm- und Dateiverwaltung.

Dem Buch ist eine Diskette beigefügt, die die Programme, die PAN-Informationsdateien und eine Demonstrationsversion von PAN für MS-DOS-Rechner enthält.

Von Prof. Dr. **Norbert Köckler,** Universität – Gesamthochschule – Paderborn

1990. XV, 395 Seiten. 16.2 x 22,9 cm. ◘ Buch mit MS-DOS-Diskette. DM 58,–. ISBN 3-519-02963-4

Preisanderungen vorbehalten

B.G. Teubner Stuttgart

Hackbusch
Iterative Lösung großer schwachbesetzter Gleichungssysteme

Die Diskretisierung partieller Differential-gleichungen führt auf große schwach-besetzte Gleichungssysteme, die iterativ gelöst werden müssen. Dies Buch rekapituliert die Theorie der klassischen Verfahren. Besonderer Wert wird aber auf moderne Methoden gelegt: Unvollständige Dreieckszerlegungen und Mehrgitterverfahren werden ausführlich diskutiert. Neben den Iterationsverfahren werden semiiterative und die auf konjugierten Gradienten basierenden Methoden erklärt. Ein spezielles Kapitel ist den parallelen Algorithmen vom Typ der Gebietszerlegungsverfahren und der additiven Schwarz-Iterationen gewidmet. Die Verfahren sind jeweils mit numerischen Beispielen präsentiert. Die hierzu verwandten Pascal-Programme sind explizit angegeben.

Aus dem Inhalt:

Klassische Verfahren von Jacobi, Gauß-Seidel, Richardson, (symmetrische) Überrelaxation, M-Matrizen, semiiterative Verfahren, Chebyshev-Methode, Transformationen (Präkonditionierung), sekundäre Iterationen, unvollständige Dreieckszerlegungen, Gradientenverfahren, Verfahren der konjugierten Gradienten und Varianten, Mehrgitterverfahren, frequenzfilternde Iteration, Gebietszerlegungsverfahren, additive Schwarz-Iteration.

Von Professor Dr.
Wolfgang Hackbusch,
Universität Kiel

1991. II., 382 Seiten mit zahlreichen Bildern, Beispielen und Übungsaufgaben.
13,7 x 20,5 cm.
Kart. DM 42,–.
ISBN 3-519-02372-5

(Leitfäden der angewandten Mathematik und Mechanik, Bd. 69 –
Teubner Studienbücher)

Preisänderungen vorbehalten

B.G. Teubner Stuttgart